无脊椎动物的100个冷知识

赵亮/文

U0321037

天地出版社 | TIANDI PRESS

图书在版编目（CIP）数据

无脊椎动物的 100 个冷知识 / 赵亮文 . —— 成都：天
地出版社，2025.2
（猜你不知道）
ISBN 978-7-5455-8251-2

Ⅰ . ①无… Ⅱ . ①赵… Ⅲ . ①无脊椎动物门 – 儿童读
物 Ⅳ . ① Q959.1–49

中国国家版本馆 CIP 数据核字 (2024) 第 033337 号

CAI NI BU ZHIDAO · WUJIZHUI DONGWU DE 100 GE LENG ZHISHI

猜你不知道 · 无脊椎动物的 100 个冷知识

出 品 人	陈小雨　杨　政	
监　　制	陈　德	
作　者	赵　亮	
审　订	刘宇明	
策划编辑	凌朝阳　何熙楠	
责任编辑	何熙楠	
责任校对	马志侠	
封面设计	田丽丹	
内文排版	罗小玲	
责任印制	高丽娟	

出版发行	天地出版社
	（成都市锦江区三色路 238 号　邮政编码：610023）
	（北京市方庄芳群园 3 区 3 号　邮政编码：100078）
网　　址	http://www.tiandiph.com
经　　销	新华文轩出版传媒股份有限公司

印　　刷	北京天宇万达印刷有限公司
版　　次	2025 年 2 月第 1 版
印　　次	2025 年 2 月第 1 次印刷
开　　本	710mm×1000mm 1/16
印　　张	13
字　　数	274 千字
定　　价	40.00 元
书　　号	ISBN 978-7-5455-8251-2

版权所有◆违者必究
咨询电话：（028）86361282（总编室）
购书热线：（010）67693207（营销中心）

如有印装错误，请与本社联系调换

目录

在本册书中，你会看到伪装大师——兰花螳螂、会"种蘑菇"的切叶蚁、眼睛会变色的跳蛛、"背着房子"的假螃蟹——寄居蟹、"撒尿"自卫的皮皮虾等不同种类的无脊椎动物，了解它们都长什么样，有哪些生存本领。现在就一起去探寻"兰花螳螂真的像兰花吗""切叶蚁为什么要种蘑菇""跳蛛的眼睛有什么奇特之处"等问题的答案吧！

"麻醉师"——黄翅飞蝗泥蜂

我们所熟悉的蜜蜂，在遇到危险时会用尾部的"螫针"进行自卫，但这也会让它们丢掉性命。相比之下，蜂家族的其他几个成员就幸运多了，它们的螫针可以反复使用，比如胡蜂（俗称马蜂）和黄翅飞蝗泥蜂。

黄翅飞蝗泥蜂是膜翅目昆虫，属于泥蜂科。黄翅飞蝗泥蜂的成虫靠吸食花蜜为生，名字里的"飞蝗"，指它们幼虫时期的食物之一——飞蝗。此外，蟋蟀也是黄翅飞蝗泥蜂幼虫的重要食物。

为了让孩子获得足够的营养，黄翅飞蝗泥蜂妈妈会不断捕猎，所用到的武器就是螫针。和蜜蜂相比，黄翅飞蝗泥蜂的螫针上没有倒

钩，插入猎物体内后还能拔出。因此，黄翅飞
蟥泥蜂在捕捉蟋蟀这样的大型猎物（对于其自
身来说）时，会在对方的头胸部之间、胸部前
两节、腹部各刺一下，并注入毒素，这会导致猎
物处于麻醉状态。

发光的杀手——萤火虫
fā guāng de shā shǒu　　　yíng huǒ chóng

夏天，在野外的河边、池塘、农田等地方，
xià tiān　　zài yě wài de hé biān　　chí táng　　nóng tián děng dì fang

我们通常可以看到一种发光的小虫，这就是
wǒ men tōng cháng kě yǐ kàn dào yì zhǒng fā guāng de xiǎo chóng　zhè jiù shì

萤火虫。
yíng huǒ chóng

萤火虫是鞘翅目昆虫。鞘翅目的"鞘"，指
yíng huǒ chóng shì qiào chì mù kūn chóng　qiào chì mù de　　qiào　　zhǐ

的是这类昆虫身体前部的两个角质化的翅膀。
de shì zhè lèi kūn chóng shēn tǐ qián bù de liǎng gè jiǎo zhì huà de chì bǎng

004

萤火虫属于鞘翅目的萤科，全世界已知的大约有2000种，除一些只在白天活动的种类外，绝大部分的腹部末端长有发光器，可以发光。

萤火虫发光的目的主要有吸引同伴、迷惑天敌、诱捕猎物等。和黄翅飞蝗泥蜂一样，萤火虫的幼虫也是肉食性动物，不同的是，它们可以自己捕猎。萤火虫幼虫的食物主要是包括蜗牛在内的陆生动物和水生软体动物。面对蜗牛这个有硬壳护体的猎物，萤火虫幼虫会爬到对方身上，将颚上的刺插入蜗牛壳的缝隙，从而将有麻醉作用的毒液注入蜗牛的肉体，使其瘫痪，再注入消化液，把蜗牛肉液化，就可以吸食了。

把粪便当美食的蜣螂

随着科学的发展，原本在人们意识里肮脏的粪便越来越受到重视，部分国家还成立了"粪便银行"，用来储存健康者的粪便，从而研究如何改善人体肠道的微生物群落。在自然界，很多动物都会从粪便中吸收营养，有的甚至专门以粪便为食，俗称"屎壳郎"的蜣螂就是如此。

蜣螂是鞘翅目金龟科中具有食粪性昆虫的统称，有近1万种，在全世界大部分地区都有分布。

蜣螂以粪便为食。大多数种类的蜣螂在发现粪便后会直接钻进去，在里面吃住。也有少部分蜣螂会把形状各异的粪便弄成圆球，再推到自己的洞穴里享用。做粪球的具体步骤是：先用头部前方的锯齿状前凸以及前足外侧的坚硬锯齿对粪便进行切割；然后用中足和后足把整理好的粪便夹住，不停地转动，直到弄成圆球形；最后倒过身体，用长长的后足夹住粪球，以尾前头后的方式，在偏振光和星光（夜晚利用）的引导下沿直线倒着推到目的地。在古埃及，蜣螂被认为是一种神圣的昆虫，有"圣甲虫"的美誉。

靠"叩头"逃生的叩头虫

对叩头虫来说，"叩头"是在为逃跑做准备。

叩头虫是鞘翅目叩头虫科昆虫的俗称，广泛分布于亚洲、欧洲以及撒哈拉沙漠以北的非洲地区。叩头虫是植食性昆虫，以植物的种子、根和地下茎为食。

就像哺乳动物中的植食性动物会被肉食性动物捕捉一样，身为植食性昆虫的叩头虫也免不了被肉食性昆虫或鸟类盯上，而它们的3对短小的胸足又跑不快。为降低被捕杀的可能，叩头虫演化出了利用身体弹跳关节锁住和解锁起跳的本领。

严格来说，在遇到危险时，叩头虫头胸部
会向前弯曲，前胸腹板上的突起会插入中
胸腹板的凹槽内，使其处于锁定状态；突起
弹回的时候会产生强大的反弹力，使叩头
虫弹射到空中。

拿石块当门的沙泥蜂

群居生活的蜂类可以由众多的工蜂来保卫巢穴，那些独居的就要想其他办法了，沙泥蜂选择了给洞口安装门的方式。

沙泥蜂是膜翅目蜜蜂总科泥蜂科的一类昆虫。沙泥蜂的头部下方的大颚呈钳子状，这是它们用来挖掘洞穴的工具。大多数种类的沙泥蜂都喜欢独来独往，对于育儿期的沙泥蜂妈妈来说，当它们外出寻找食物时，那些刚出生（幼虫）和尚未孵化的蜂宝宝（蛹）就处于无蜂保护的状态。为防止其他动物偷袭，沙泥蜂妈妈每次外出前都会找来一块大小刚好的石块，把洞口严严实实地堵住，再找些沙土覆盖在上

面，做完这一切后才会出去捕猎。

在发现猎物后，沙泥蜂会把前后两对翅膀搭在一起俯冲过去，快速用尾部的螯针给对方注射毒液。这种毒液会破坏猎物的运动神经，让其处于瘫痪状态。之所以不杀死猎物，是为了让孩子们吃到鲜活的食物。为了让孩子们吃饱，沙泥蜂通常会选择体大肉多的毛虫下手，沙泥蜂可以搬运超过自身体重10倍的物体。

"打击乐高手"——蝉

"池塘边的榕树上，知了在声声叫着夏天"，这是歌曲《童年》中的歌词。里面提到的知了就是蝉。

蝉是半翅目蝉科昆虫的统称，全世界大约有2000种，分布在温带和热带地区，它们的别名"知了"取自鸣叫时发出的声音；其所属分类中的"半翅"并不是真的只有半个翅膀，而是指翅膀基部加厚硬化，导致翅膀一半革质一半膜质的状态。

与人和其他脊椎动物不同，鸣虫（会鸣叫的昆虫）普遍不是用口器发声的，蝉自然也不例外。它们用来发声的器官和肌肉是长在肚子上的。蝉腹部左右两侧各有一个"发音膜"（相当于声带），包裹着能发声的肌肉（鸣肌）。当蝉想要发声时，就会收缩腹部的肌肉，通过振动致使"发音膜"形态改变，从而发出声响。蝉的两块鸣肌可以先后或同时使发音膜产生振动，每秒振动的次数多达224次。

伪装大师——兰花螳螂

提到肉食性昆虫，就不得不说绰号"大刀将军"的螳螂。

螳螂是节肢动物门螳螂目昆虫的统称，目前已发现超过2400种。它们中有的会主动出击捕猎，有的则会"诱骗"猎物，让它们自己送上门来，兰花螳螂就属于后者。

兰花螳螂的中文正名叫"冕花螳"，因头部形态酷似冠冕而得名，是一种生活在亚洲热带地区的螳螂，野生种群主要栖息在东南亚的热带雨林里，我国云南部分地区也有分布。

兰花螳螂的若虫（不完全变态昆虫的幼虫）和成虫都有着形似兰花的外表（若虫更

像），这对它们捕猎很有帮助。兰花螳螂的若虫主要吃蜜蜂，成虫则喜欢捕捉蝴蝶。它们像兰花的身体可以吸收并反射紫外线，加上形似花瓣的步足，这些是引诱那些以花为食的昆虫的基本手段。

除了兰花，兰花螳螂还可以伪装成其他花的样子，如栀子花。伪装不仅提高了捕猎成功率，也大大降低了它们被天敌伪装发现的概率。

敢反抗伴侣的跳羚螳螂

动画片《黑猫警长》中有一集是关于母螳螂吃掉伴侣的，这种现象在昆虫界称为"性食同类"。大部分"性食同类"都是雌性吃掉雄性，螳螂是其中比较典型的代表。

对于大多数种类的雄性螳螂来说，保命还是留下自己的后代是个类似"鱼和熊掌"的选择，但生活在澳大利亚的跳羚螳螂却总想着兼得。为了活命，体形上呈劣势的雄性跳羚螳螂（螳螂普遍雌性大）通常会主动出击，趁雌性螳螂不备，展开偷袭，快速咬住对方的肚子完成交配。

偷袭的成功率取决于交配双方的体能和斗性。根据统计，大约有35%的雄性跳羚螳螂会因为偷袭失败被反杀，既丢了性命也没留下后代；而58%的获胜雄性跳羚螳螂中（还有7%左右不分胜负）也有一半左右会死于非命。总体算下来，雄性跳羚螳螂交配后的死亡率高达六成以上，但相比其他种类的雄性螳螂，它们活下来的比例已经很高了。

用猎物尸体做伪装的荆猎蝽

荆猎蝽是半翅目猎蝽科荆猎蝽属的昆虫。和螳螂一样，荆猎蝽也是典型的肉食性昆虫，只不过它们捕猎不用大刀一样的"捕捉足"，而是直接上嘴。荆猎蝽首先用前足控制住猎物的身体，然后用口器上的螫针猛刺对方。随着螫针的刺入，富含消化酶的有毒唾液会注入猎物体内，将对方的肌肉和内脏液化，荆猎蝽就可以尽情吸食美味了。

荆猎蝽最爱吃蚂蚁，除靠触角（嗅觉器官）闻气味来寻找外，它们还会用伪装来欺骗猎物。荆猎蝽会把很多被吸干了内脏的蚂蚁躯壳背在身上，再弄一些沙土、树叶一起放在身上，

让自己看上去像一只蚂蚁。通过变装，荆猎蝽
不仅能把不明真相的蚂蚁吸引过来，还能骗过
负责守卫的兵蚁（虽然蚂蚁是猎物，但数量多
了也不好对付），进入巢穴杀死并吸食更加肥
美的蚁后。遭遇天敌时，荆猎蝽背着的蚂蚁躯壳
还能起到格挡作用（对方可能抓到死蚂蚁），
从而保住自己的性命。

靠服毒保命的黑脉金斑蝶

自然界中用毒的动物很多，它们有的自身携带毒素，有的则通过"服毒"把自己变成"毒药"，黑脉金斑蝶就属于后者。

黑脉金斑蝶俗称"帝王蝶"，是生活在北美洲的一种大型蝴蝶。成年黑脉金斑蝶色彩艳丽，两对翅膀的正面（后背的一面）上附着着橙色和黑色的斑纹，周边还点缀着许多白色斑点，镶嵌着黑色的宽边。

色彩鲜艳往往意味着有毒，黑脉金斑蝶的体色就是一种警告色，提醒其他动物，它们的身体是有毒的。从童年（幼虫）时期开始，黑脉金斑蝶就以有毒植物马利筋为食，吃进去的毒素对黑脉金斑蝶自身没什么影响，却可以让一部分吃它们的动物感到不适，从而降低被捕食的概率。

黑脉金斑蝶有两个亚种，其中一个亚种生活在落基山脉的东西两侧，它们每年都会迁徙，但路线并不相同。住在山脉西侧的，秋季从加拿大不列颠哥伦比亚省飞往美国加州，第二年春天返回；住在山脉东侧的，则从加拿大南部经美国东部飞往墨西哥。

昆虫中的黄鼠狼——屁步甲

黄鼠狼在遇到危险时会通过肛门处的"臭腺"释放有毒的臭气，有的时候足以熏晕一个成年人。屁步甲则可以称得上是"昆虫中的黄鼠狼"。

屁步甲是鞘翅目步甲科屁步甲属的昆虫，俗称"放屁虫"。屁步甲是肉食性昆虫，但体长只有不到2厘米，这样的体形不论是捕猎还是防御都不够用，好在它们有秘密武器。

屁步甲所放的屁，其实是一种温度极高的毒液。它们体内有"贮液囊"和"反应室"两个部分，通过管道相连。贮液囊里储存着"过氧化氢"和"对苯二酚"两种化学物质。反应室里

则有一种叫"过氧化物酶"的物质。当屁步甲
需要的时候，贮液囊里的两种化学物质就会通
过管道进入反应室，在那里它们会在过氧化物
酶的催化下产生化学反应，生成温度高达100
摄氏度的一种"对苯醌"类有毒混合液，并产
生大量气体，在巨大的推动力作用下，对苯醌
混合液就从尾部喷射出去了。

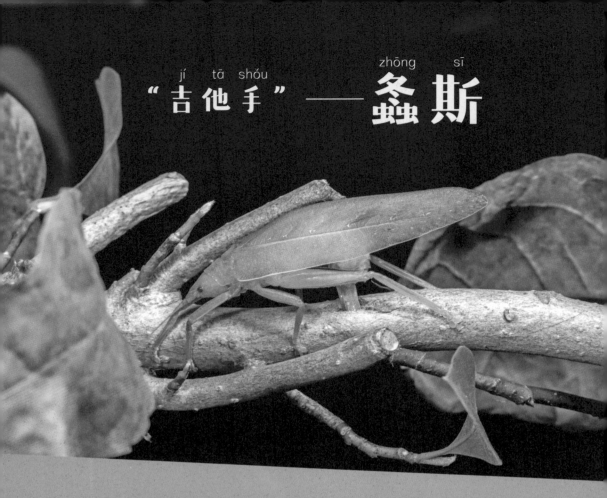

"吉他手"——螽斯

rú guǒ shuō chán tōng guò zhèn dòng shēn tǐ lái fā shēng de yuán lǐ shǔ yú
如果说蝉通过振动身体来发声的原理属于

dǎ jī yuè nà zhōng sī suǒ shàn cháng de jiù shì bō xián yuè tā men fā
打击乐，那螽斯所擅长的就是拨弦乐，它们发

shēng de guò chéng xiàng tán jí tā
声的过程像弹吉他。

zhōng sī shì zhí chì mù zhōng sī kē kūn chóng de tǒng chēng yuē yǒu
螽斯是直翅目螽斯科昆虫的统称，约有

duō zhǒng shì jiè shàng dà bù fen dì qū dōu yǒu fēn bù wǒ guó yǒu
7000多种，世界上大部分地区都有分布，我国有

duō zhǒng
600多种。

螽斯长得和名气更大的蝗虫有几分相似，但触角明显更长，其触角长度甚至超过了躯体长度。雄性螽斯左侧前端的翅膀腹面（靠下的一面）有一排非常细小的齿，被称为"音齿"，这些音齿由一条凸起的翅脉相连，名为"音锉"；右侧前翅和背部平行的一面上则有很多较硬的小凸起，叫"刮器"；刮器周围还有个透明的地方叫"镜膜"。在交配期，雄性螽斯会把两个前翅搭在一起不停振动，让刮器和音锉相互碰撞产生声音，再通过镜膜的放大后传导出去，以此来赢得异性青睐。由于振动的频率和幅度不同，刮器和音锉产生的声音也不尽相同。

翅膀最大的昆虫——乌桕大蚕蛾

tǐ nèi dài dú de kūn chóng néng tōng guò fàng dú lái bǎo mìng nà xiē
体内带毒的昆虫能通过放毒来保命，那些

wú dú de kūn chóng zài yù dào wēi xiǎn shí yě bìng fēi zhǐ yǒu táo pǎo zhè yì
无毒的昆虫在遇到危险时也并非只有逃跑这一

zhāo wū jiù dà cán é jiù yǒu bàn fǎ ràng tiān dí zhī nán ér tuì
招，乌桕大蚕蛾就有办法让天敌知难而退。

wū jiù dà cán é shì lín chì mù dà cán é kē jù dà cán é shǔ de
乌桕大蚕蛾是鳞翅目大蚕蛾科巨大蚕蛾属的

é zi yīn xǐ huan chī wū jiù shù de yè zi bìng qiě zài wū jiù shù
蛾子，因喜欢吃乌桕树的叶子，并且在乌桕树

shàng zuò jiǎn huà yǒng ér dé míng cóng fēn lèi bù nán kàn chū zhè zhǒng é
上作茧化蛹而得名。从分类不难看出，这种蛾

子体形巨大，翼展能达到 25～30 厘米，是现存昆虫里翅膀最大的。

乌桕大蚕蛾翅膀的主体颜色为红褐色，非常鲜艳。颜色艳丽、个头儿大，从人类的角度说确实足够漂亮，但对于它们自身却并非好事。因为太过醒目，乌桕大蚕蛾很容易被鸟类盯上，此时，身体上的一些保护性特征就发挥了作用。

虽然属于鳞翅目，但乌桕大蚕蛾翅膀中央却有三角形的无鳞片区域，可以反射阳光，被称为"窗斑"。当它们展翅飞起时，4块窗斑（每个翅膀一块）一起反射的阳光，足以让小型鸟类睁不开眼。此外，乌桕大蚕蛾前面两对翅膀的翅尖上还有蛇头形状的斑纹，也可以起到恫吓天敌的作用。

幼鸟杀手——披甲树螽

披甲树螽并不是单一的昆虫，而是一类胸部硬化如甲胄的螽斯的统称。它们生活在非洲，平均体长 3～7 厘米，在螽斯家族里属于大个子。

披甲树螽并不具备飞行能力，却非常善于爬树，可以爬到位于树木高处的鸟窝里偷袭幼鸟。

偷袭成功后，披甲树螽会快速用餐，抢在成鸟返回前逃离。虽然披甲树螽胸部的铠甲能在一定程度上阻挡小型鸟类的喙，但如果披甲树螽因为对方的啄咬从树上摔下去，那很有可能受伤。受伤后的披甲树螽身体会流出一

种名为"血淋巴"的黄绿色有毒臭液，以降低
自己被攻击的概率。

在遭遇其他动物攻击时，披甲树蟋也会主动
分泌臭液，呛鼻的味道可以让捕食者胃口全无。

不过，当其天敌走后，披甲树蟋必须尽快清理掉
身上的异味。因为披甲树蟋有同类相食的天
性，若不及时清理，会引来同类的攻击。

"建造房车"的被管虫

jiàn zào fáng chē de bèi guǎn chóng

　　很多人喜欢驾驶房车出去旅行，昆虫里的被管虫也有这样的喜好。

　　被管虫严格来说并不是某种昆虫，而是鳞翅目蓑蛾科昆虫的幼虫阶段。被管虫身体柔软，行动缓慢，也没有毒液之类的自卫武器，很容易成为肉食性动物攻击的目标，所以它们

030

给自己建造了"房车"。

被管虫首先会用自己吐出的丝建起一个纺锤形的蓑囊,再利用丝的黏性把树皮、树枝、树叶等粘在外面。为了保障住房的安全和舒适,被管虫可谓"煞费苦心",不仅会根据生活环境选择能融入周围植被的"房子",还会用身体丈量房子的尺寸。就像乌龟平时把头和四肢露在外面,遇到危险就缩回去一样,被管虫平时也把头和前胸露在外面,用前胸上的短足爬行寻找食物,遇到危险就躲进去。

在变成真正的蓑蛾(成虫)之前,被管虫都会在"房车"里居住,随着身体的长大,它们还会不断扩建"房车"。

眼睛最多的飞行冠军——蜻蜓

　　如果在昆虫里搞个飞行比赛，蜻蜓大概率会轻松夺魁。不论是速度还是技巧，蜻蜓的本领在昆虫里都首屈一指。

　　蜻蜓靠两对翅膀扇动来飞行。身为肉食性

昆虫，蜻蜓凭借大而有力的翅膀追击猎物，而它们发现猎物凭借的则是它们极好的视力。蜻蜓拥有一对几乎占据了大半个脑袋的眼睛——一对复眼（这对复眼里最多可拥有2.8万只小眼睛），是眼睛最多的昆虫。这2.8万只小眼睛和另外3只具有感光作用的单眼（位于两个复眼中间）相互配合，帮助蜻蜓辨别方向，察看周边的情况。在捕捉猎物时，蜻蜓首先用长有钩刺的前足将猎物固定住，然后用强有力的咀嚼式口器大快朵颐。

吃蚊子的华丽巨蚊

生物学上的蚊子可泛指双翅目蚊科的昆虫，共有35个属3600多种，而我们平时所接触的吸血蚊子，大多只来自按蚊、库蚊、伊蚊3个属，而且只是雌蚊。有些种类的蚊子不但不吸血，甚至还会消灭吸血蚊子，比如华丽巨蚊。

华丽巨蚊是一种较大的蚊子，成虫体长可达3.5厘米，是巨蚊亚科巨蚊属的昆虫；种名"华丽"指代其腹部由银蓝色和黄色组成的艳丽花纹。虽然个子大，华丽巨蚊却非常"佛系"，靠吸食花蜜为生，对其他生物的血毫无兴趣。

相比于成虫，处于孑孓（蚊子的幼虫）时期的华丽巨蚊可就凶悍多了，会凭借体形上的

优势吞食其他蚊子的幼虫，有时还会捕食苍蝇的
幼虫。据统计，一只华丽巨蚊在幼虫这段时间
内要吃掉大约100只其他蚊子的幼虫，科学家正
在研究如何用它们来防治吸血的蚊子。

用唾液溶解猎物的田鳖

虽然名字里带个"鳖"字，但田鳖跟龟鳖目的鳖没有任何关系。田鳖是一种水生昆虫，属于半翅目负子蝽科；由于身上有"香腺"，能分泌桂花般的香味，所以也叫"桂花蝉"。从体形上说，田鳖是大型昆虫，体长一般7~9厘米，最大有12厘米。和螳螂一样，田鳖身体最前端的一对足也特化成了捕捉足，可用于捕捉猎物，但它们却更喜欢用化学手段杀死猎物。

田鳖拥有像针一样细长的口器，唾液中含有消化酶，可溶解肌肉。在捕猎时，它们先用粗大的前足控制住猎物，然后快速给猎物"打针"。

yīn wèi yǒu le shēng huà wǔ qì　　　tián biē kān chēng shuǐ tián lǐ de xiǎo
因为有了"生化武器"，田鳖堪称水田里的小

bà wáng　　gǎn yú gōng jī wū guī　qīng wā　　yú děng tǐ xíng míng xiǎn dà
霸王，敢于攻击乌龟、青蛙、鱼等体形明显大

yú tā men de dòng wù　　　shèn zhì néng shā sǐ dú shé
于它们的动物，甚至能杀死毒蛇。

狼蛛杀手——沙漠蛛蜂

沙漠蛛蜂是膜翅目蛛蜂科的蜂类，广泛分布于非洲、美洲、大洋洲以及从印度到东南亚的

亚洲地区。沙漠蛛蜂独居生活，喜欢在有狼蛛出没的沙漠地带活动。

和我们熟悉的蜂类不同，沙漠蛛蜂除了尾部的螫针，头部前端能分泌毒素的触角也是武器。

面对在蜘蛛家族里以凶悍著称的狼蛛，沙漠蛛蜂会用长长的坚硬触角猛刺狼蛛，触角上的毒素可以麻醉狼蛛。沙漠蛛蜂会把动弹不得的狼蛛带回巢穴，并在上面产卵，这样一来，小沙漠蛛蜂一出生就可以吃到新鲜的肉食。

xiǎo gè zi de tiào yuè néng shǒu　　　tiào zao
小个子的跳跃能手——跳蚤

tiào zao fàn zhǐ suǒ yǒu de zǎo mù kūn chóng　　dà yuē yǒu
跳蚤泛指所有的蚤目昆虫，大约有2000

zhǒng　　tā men de tǐ xíng pǔ biàn hěn xiǎo　　zuì dà de cháng dù yě bú dào
种，它们的体形普遍很小，最大的长度也不到

　　lí mǐ
0.8厘米。

tiào zao gè zǐ xiǎo　　què yōng yǒu chāo qiáng de tiào yuè néng lì　　tā
跳蚤个子小，却拥有超强的跳跃能力，它

men píng jūn de tiào yuè gāo dù kě yǐ dá dào tǐ cháng de　　bèi　　zuì gāo
们平均的跳跃高度可以达到体长的200倍，最高

shèn zhì kě dá　　bèi
甚至可达500倍。

跳蚤出色的跳跃能力，和它们特殊的身体结构不无关系。除了拥有所有善于跳跃的昆虫所共有的较长且粗壮（相对于身体）的后足外，跳蚤的前足和中足力量也很强，并且能向后弯曲。也就是说，跳蚤起跳时可以6条腿同时用力。此外，跳蚤后胸节和腿部相连处的骨骼里含有一种名为"节肢弹性蛋白"的蛋白质。从名字不难看出，这是一种非常富有弹性的蛋白质。当跳蚤跳跃时，储存在其中的能量瞬间被释放出来，为跳跃助力。

蚂蚁中的游牧民族——行军蚁

行军蚁也叫军团蚁，广泛分布于亚洲、非洲、欧洲和南、北美洲。行军蚁不会筑巢，它们一生都在为寻找食物而奔走，过着居无定所的生活，堪称蚂蚁里的"游牧民族"。

和其他蚂蚁一样，行军蚁也是高度群居的动物，它们的群体规模很大，大的有上千万个成员，小的也有几十万到一百万。在一些视频和文章里，总会有"它们所到之处的一切活物都会变成累累白骨"的描述。

这种描述有些夸张，目的是让不明真相的人在猎奇心理的影响下关注相关内容。至于现实中的行军蚁，且不说有些种类是素食者，就是那些吃肉的，也主要是以其他不会飞的昆虫为食，顶多抓点老鼠这种小型的脊椎动物来吃，根本对付不了人和大型动物。因为要想吃掉对方首先得追得上，行军蚁集体行动时的速度只有每小时20米，根本追不上。

振动翅膀杀死天敌的蜜蜂

蜂家族中最为人类所熟悉的莫过于蜜蜂了，具体说是那些会酿蜜的蜜蜂。

自然界共有9种会酿蜜的蜜蜂，全部是膜翅目蜜蜂科蜜蜂属的成员，它们都是群居生活的蜂类。蜜蜂自幼虫阶段起就是素食者（幼虫吃蜂王浆），以至于成年蜜蜂不需要通过捕食其他动物来喂养后代，它们尾部的螫针也就不是捕猎的武器了。

除了不用来捕猎，蜜蜂的螯针也不是它们防御的最佳选择，因为它们的螯针一端带倒钩，另一端则跟内脏相连，一旦刺入对方体内再往外拔，就会把自己的内脏带出去。为了降低不必要的损失，蜜蜂的工蜂"想"到了另一种御敌方式——振动翅膀产生热量。这种方法虽然不足以对付蜂虎这样的鸟类，对付本家族里以凶猛著称的胡蜂却非常有用。

面对体形大于自己，且螯针可以反复使用的胡蜂，蜜蜂会采用围而不攻的"战术"，它们会聚集在对手周围不断扇动翅膀。由此产生的空气振动可以让包围圈内的温度迅速升高，胡蜂的耐热能力不如蜜蜂，就热死了。

由蚂蚁养大的爱尔康蓝蝶

爱尔康蓝蝶是一种生活在欧洲和西伯利亚地区的小型蝴蝶。幼虫刚孵化时，它们以一种名为沼泽龙胆的植物为食；大约两三周后，这些小家伙的生活开始跟红蚂蚁产生了交集。

为了能成功进入蚁穴，爱尔康蓝蝶的幼虫会从腹部下方分泌一种气味和红蚂蚁的幼虫相似的碳氢化合物，让外出觅食的红蚂蚁"工蚁"误以为是"自家孩子"而带回巢穴抚养。

爱尔康蓝蝶幼虫被带到蚁穴的"育婴室"内。这些贪婪的毛毛虫（蝴蝶、蛾子等昆虫幼虫的形象）并不打算和真正的幼年红蚂蚁分享食物，它们会通过模仿蚁后的声音让负责育幼的"护士蚁"（工蚁中的一类）首先把食物喂给自己。

爱尔康蓝蝶幼虫会在红蚂蚁的巢穴里一直生活到化蛹成蝶，当红蚂蚁发现上当时，它们的颚已经没法对拥有鳞片和绒毛保护的爱尔康蓝蝶造成威胁，只能眼睁睁地看着爱尔康蓝蝶飞走。

ràng mǎ yǐ nèi dòu de jī fēng
让蚂蚁内斗的姬蜂

jī fēng fàn zhǐ mó chì mù jī fēng kē de chéng yuán quán shì jiè
姬蜂泛指膜翅目姬蜂科的成员，全世界

gòng yǒu dà yuē wàn zhǒng wǒ guó yuē yǒu zhǒng tǐ cháng zài
共有大约4万种，我国约有7000种，体长在

lí mǐ
0.3～4厘米。

jī fēng shì jì shēng fēng bù tóng zhǒng lèi de jī fēng huì xuǎn zé bù
姬蜂是寄生蜂，不同种类的姬蜂会选择不

tóng de kūn chóng hé zhī zhū zuò wéi jì shēng de duì xiàng qí zhōng yì zhǒng
同的昆虫和蜘蛛作为寄生的对象，其中一种

jiù xǐ huan bǎ luǎn chǎn zài ài ěr kāng lán dié yòu chóng de shēn shàng ràng zì
就喜欢把卵产在爱尔康蓝蝶幼虫的身上，让自

jǐ de bǎo bao gēn zhe zhè ge jiǎ yǐ hòu yì qǐ zuò xiǎng qí chéng
己的宝宝跟着这个"假蚁后"一起坐享其成。

zài háo wú fǎn kàng néng lì de ài ěr kāng lán dié yòu chóng shēn shàng
在毫无反抗能力的爱尔康蓝蝶幼虫身上

产卵很简单，雌性姬蜂只需要像蚊子叮人一样把非常细小又尖锐的产卵器刺入对方体内就够了，问题的关键是进入蚁穴。

面对数量众多的红蚂蚁"卫兵"，姬蜂想要硬闯显然是以卵击石，它们的制胜法宝是让蚁群内乱。姬蜂能分泌一种化学信息素，这种信息素附着到一部分红蚂蚁身上。这部分红蚂蚁有了姬蜂的气味，会被同类当成入侵者而遭到攻击。被姬蜂信息素附着的红蚂蚁也会反击那些没有沾上姬蜂信息素的同类（气味不同）。这样一来，红蚂蚁就发生了内斗，姬蜂则趁机潜入爱尔康蓝蝶幼虫的居所，完成产卵工作。

卵胎生的昆虫——麻蝇

luǎn tāi shēng de kūn chóng má yíng

dòng wù de shēng yù fāng shì tōng cháng yǒu sān zhǒng luǎn shēng tāi shēng
动物的生育方式通常有三种：卵生、胎生

hé luǎn tāi shēng má yíng jiù shǔ yú dì sān zhǒng
和卵胎生。麻蝇就属于第三种。

má yíng shì shuāng chì mù má yíng kē má yíng shǔ de kūn chóng hé ràng
麻蝇是双翅目麻蝇科麻蝇属的昆虫，和让

rén shēng yàn de cāng ying tóng shǔ yíng lèi jiā zú bù tóng de shì cí má
人生厌的苍蝇同属蝇类家族。不同的是，雌麻

yíng bú huì xiàng cāng ying nà yàng zhí jiē chǎn luǎn ér shì ràng luǎn zài zì jǐ
蝇不会像苍蝇那样直接产卵，而是让卵在自己

tǐ nèi fū huà ràng hòu dài zhí jiē yǐ qū yíng lèi de yòu chóng de xíng
体内孵化，让后代直接以蛆（蝇类的幼虫）的形

式抛头露面。

目前已知的麻蝇有850多种，不同种类的麻蝇选择的生育地点不同：绝大多数会选择尸体、粪便等容易腐败的物质；活体哺乳动物的伤口是第二选择；还有极个别的会打其他昆虫的主意，把孩子生在后者身上过寄生生活。

麻蝇的成虫和幼虫都靠舔吸腐败的食物生活。在每次寻找食物前，成年麻蝇都会像人搓手那样让自己的步足互相摩擦。由于嗅觉器官长在腿上，麻蝇这么做就相当于人清理鼻孔，目的是更好地找到腐败的食物。对于大自然来说，麻蝇和它们的亲戚是腐败物质的分解者，是清道夫。

小时候用后背走路的**花金龟**

花金龟是鞘翅目花金龟科花金龟亚科的昆
虫，和名气更大的金龟子同属金龟科，世界上
大约有4000种。色彩艳丽、身体粗大是它们的普

遍特征。

花金龟喜欢把卵产在粪便或腐草中，幼虫孵化后以腐败的食物为食。幼虫阶段的花金龟像个肉虫子，腿又细又短，根本无法支撑起身体的重量，这些小家伙由此学会了倒立行走。它们翻转身体，让微微隆起的背部着地，用背部肌肉向前爬行。花金龟（准确说是花金龟幼虫）是唯一用后背走路的昆虫。

能独自生育的蟑螂

蟑螂是昆虫家族里一类较为古老的成员，在热带、亚热带、温带都有分布，我们最常见的是"亚洲蟑螂"。

蟑螂能得到"小强"的绰号，和它们强悍的生存以及繁殖能力密不可分。蟑螂喜欢生活在温暖且潮湿的地方，可以在37摄氏度的温度下活动自如；同时，蟑螂还拥有极强的耐寒本领。身为陆生昆虫，它们能在水下憋气长达40分钟。其身体表面坚硬的几丁质和蜡质层甚至可以把杀虫剂的作用减小到最低。

雌性蟑螂腹部靠后的地方有个"卵鞘"，里面有大量的卵。和脊椎动物必须让卵受精才

néng fū huà bù tóng　　cí xìng zhāng láng kě yǐ　　gū cí shēng zhí，　　jiǎn
能 孵 化 不 同 ， 雌 性 蟑 螂 可 以 "孤 雌 生 殖" ， 简

dān shuō jiù shì bù xū yào hé xióng xìng zhāng láng jiāo pèi jiù néng shēng yù
单 说 就 是 不 需 要 和 雄 性 蟑 螂 交 配 就 能 生 育 。

gū cí shēng zhí de běn lǐng　　ràng zhāng láng kě yǐ gèng pín fán de fán zhí hòu
孤 雌 生 殖 的 本 领 ， 让 蟑 螂 可 以 更 频 繁 地 繁 殖 后

dài　　què bǎo jiā zú de fán shèng
代 ， 确 保 家 族 的 繁 盛 。

吃饭"讲究"的锚阿波萤叶甲

锚阿波萤叶甲是一种体长约6毫米的小甲虫，属于鞘翅目叶甲科，主要栖息在热带雨林中，最爱吃海芋的叶子。

锚阿波萤叶甲吃饭非常"讲究"，它们不直接啃食叶片，而是首先围着选中的叶片边缘耐心地啃咬一圈，留下一个类似圆规作图的痕迹。这样做的目的是防止中毒。

锚阿波萤叶甲所食用的海芋俗称"滴水观音"，是一种有毒的草本植物。当叶子被啃掉一块时，海芋会做出应激反应，茎中的毒素会通过叶脉传到叶片上，让侵害者中毒。

因此，锚阿波萤叶甲进食前会先切断海

yù de yè mài　　kěn yǎo lì dù jiào qīng bú huì yǐn fā yìng jī fǎn
芋 的 叶 脉（啃 咬 力 度 较 轻 不 会 引 发 应 激 反

yìng　　　　ràng yè mài shàng de dú sù wú fǎ chuán dào zì jǐ suǒ shí
应 ）， 让 叶 脉 上 的 毒 素 无 法 传 到 自 己 所 食

yòng de yè piàn shàng
用 的 叶 片 上 。

背面看不见脑袋的龟甲

提到龟甲，大多数人首先会想到乌龟的外壳。不过下面要介绍的龟甲可不是龟鳖类动物身体的一部分，而是一种昆虫。

龟甲是来自鞘翅目叶甲科龟甲亚科家族的甲虫。从外在特征上说，相比于乌龟，龟甲身体扁平更像甲鱼，它们的两个鞘翅的边缘也跟甲鱼壳的裙边一样是扁平的。

和乌龟以及甲鱼的壳不同，龟甲的前胸背面的甲板直接覆盖了整个头部。因此，如果不把它们翻转过来，我们从背面是无法看到龟甲的脑袋的。

虽然已经"武装"到头顶，但龟甲依旧秉

承着"小心驶得万年船"的生活态度。一些龟
甲白天休息，只在天敌活动较少的夜晚出来觅
食，一旦预感到危险就紧紧地扒住叶子，以此来
大大降低自己被捕食的概率。

用"针管"吃饭的蝎蝽

蝎蝽和螳螂虽然形象相似，但却没有任何血缘关系，它们只在分类上同属于半翅目，和蝉是一个大家族。

就像水生哺乳动物要时常把头部露出水面换气呼吸一样，蝎蝽也需要吸收空气里的氧气。不同的是，它们露出水面的部位是尾巴，因为蝎蝽的呼吸管长在这里。

蝎蝽是肉食性水生昆虫，喜欢隐藏在水草丛里伏击猎物，当小鱼、小虾以及其他水生昆虫靠近时，蝎蝽就会迅速挥动两个前足抓住它们。遇到体形较大且反抗激烈的猎物，蝎蝽就会把自己固定在对方身上跟着一起游动，直到对方精疲力竭。

蝎蝽和蚊子一样拥有"刺吸式口器"，吸管形状的口器里有一根细长的"口针"，是它们的用餐工具。当蝎蝽把口针刺入猎物体内时，分泌的消化液可以将对方的组织液化，它们就可以进食了。

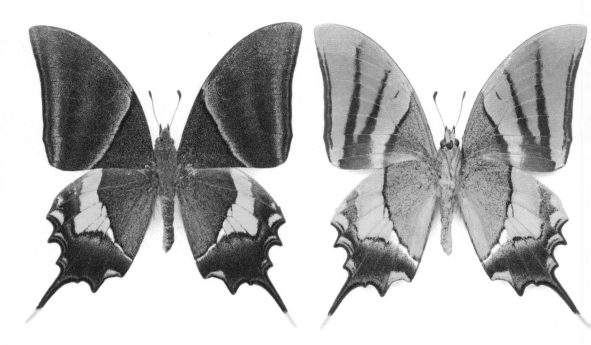

会游泳的蝴蝶——金带喙凤蝶

现代游泳比赛里有一种泳姿叫"蝶泳"，其因游动的姿势像蝴蝶飞舞而得名。自然界中绝大部分的蝴蝶并不会游泳，金带喙凤蝶是个例外。

金带喙凤蝶是昆虫纲鳞翅目凤蝶科喙凤蝶

属的蝴蝶，因两个后翅上金黄色的斑块呈带状而得名。金带喙凤蝶是亚洲特有的蝴蝶，分布区域主要在喜马拉雅山和横断山脉，川西地区也有。其成虫喜欢在海拔 1200 ~ 3000 米的密林里活动，幼虫则主要寄生在一种名为滇藏木兰的植物上。

　　金带喙凤蝶是目前唯一被观察到有游泳能力的蝴蝶。它们可以在平缓的溪流中边漂边喝水。如果是水流湍急的地方，它们甚至能把翅膀当船桨用，不断划水前行。

会 "打井" 的阳长臂金龟

昆虫界有很多挖掘高手，它们有的在地下打洞，有的则在树上钻孔，阳长臂金龟就属于后者。

阳长臂金龟是中国特有的大型金龟子，也是我国最大的甲虫类昆虫，成虫体长一般在 6.9～

8厘米，最长的接近9厘米。名字里的"长臂"指的是雄性阳长臂金龟身体最前端的长度约10厘米的第一对足。它们的另一个名字叫"阳彩臂金龟"，因其黑褐色的体壳在阳光照射下能闪现金属般的绿光而得名。

阳长臂金龟主要分布在我国南方地区，福建和江西数量最多。它们酷爱在常绿阔叶林中活动，喜欢喝树木的汁液。每当饥饿时，它们就会用扁平的额头当铲子，在树皮上不停地"挖掘"，直到甜美且富含营养的汁液从树的"伤口"里流出来。在20世纪，阳长臂金龟一度被认为已经灭绝，直到2011年才重新在江西省上饶地区被发现。

"自带氧气瓶"的龙虱

名为水蝎子的蝎蝽跟螳螂一样是不折不扣的肉食性昆虫，而俗称"水蟑螂"的龙虱可不像蟑螂那样胡吃海塞。

龙虱是鞘翅目肉食亚目龙虱科的昆虫，世界上共有160个属4000多种，亚洲、欧洲、北美洲的淡水中随处可见它们的身影。从亚目分类不难猜出，这是一类喜欢吃肉的昆虫，它们的主食是小鱼小虾，也吃昆虫。

从外表看，龙虱和蟑螂有几分相似，生活在水中的它们因此也叫"水蟑螂"。每次潜入水下活动前，龙虱都会用鞘翅下方去挤压腹

部，直到连接的缝隙处出现一个"气泡"。这个
"气泡"相当于一个可以自动续存氧气的氧气
瓶。当龙虱在水下活动时，气泡里的氧气会被
消耗掉。随后水中的氧气会渗透到气泡中，继
续为龙虱提供呼吸所需的空气。

酷似蜂鸟的小豆长喙天蛾

kù sì fēng niǎo de xiǎo dòu cháng huì tiān é

niǎo lèi zhōng de fēng niǎo kě yǐ xuán tíng zài kōng zhōng qǔ shí huā fěn
鸟类中的蜂鸟可以悬停在空中取食花粉，

kūn chóng lǐ de xiǎo dòu cháng huì tiān é tóng yàng yǒu zhè ge běn shi
昆虫里的小豆长喙天蛾同样有这个本事。

xiǎo dòu cháng huì tiān é shì lín chì mù tiān é kē cháng huì é shǔ de
小豆长喙天蛾是鳞翅目天蛾科长喙蛾属的

昆虫，亚洲、欧洲南部、非洲北部是它们的主要分布地。

名字里有"长喙"二字，小豆长喙天蛾自然拥有一个长长的嘴巴，它们细长的口器就像蜂鸟的鸟喙，因此它们也叫"蜂鸟蛾"。除了身体外观的特征，小豆长喙天蛾在食物选择和进食方式上也和蜂鸟相近：喜欢吃花蜜的它们在进食时会把身体悬停在选中的花朵附近，一边扇动翅膀让身体保持"脚踩空气"的状态，一边把细长的嘴巴深入花蕊吸食佳酿。这种进食方式可以最大限度降低小豆长喙天蛾被天敌偷袭的危险。

"强取豪夺"的熊蜂

我们吃的蜂蜜是蜜蜂酿造的，但自然界中会酿蜜的蜂并不只有蜜蜂，同属蜜蜂科的熊蜂也是酿蜜高手，只是它们的蜜因为口感等原因不被人类接受。

熊蜂成虫体长在2厘米以上，和胡蜂差不多，区别在于其体表比后者多了一层"绒毛"（胡蜂身体光滑）。

和小个子的同科亲戚蜜蜂一样，熊蜂也是"社会性昆虫"，它们中的工蜂需要通过采蜜和酿蜜等工作来喂养蜂后和幼蜂。不同的是，它们不会像蜜蜂那样每次采蜜都帮花传粉。

植物上花蜜最多的地方位于"花冠筒"深

处，那里也是花粉最多的地方。为了采食到花蜜，小型蜂类需要经常钻进花冠筒里，也就会带走更多的花粉，从而更大限度地传粉。

熊蜂块头大，遇到细长型的花冠筒时无法从上面钻进去，就采取了暴力破解的方式，它们会用强有力的颚咬穿花冠筒底部，甚至咬掉花朵，强行取走花蜜。研究发现，熊蜂的这种行为会导致花提前开放。

速度王者——虎甲

虎甲是一类甲虫，在分类上属于鞘翅目虎甲科，共有大约2000种，其中120种左右栖息在中国。

虎甲在昆虫界是个狠角色。身为顶级捕食性昆虫，虎甲的口器里有锋利的钩，年幼时就以蚂蚁为食，长大后更是可以轻松制服蝗虫、蝼蛄、蟋蟀、蟑螂等大多数昆虫。一些较大的种

072

类，比如生活在非洲的大王虎甲，甚至能捕食蜥蜴和老鼠。

　　绝大多数种类的虎甲喜欢在地面活动，相比于飞行，它们更喜欢靠奔跑来捕猎。虎甲每秒的奔跑距离为2.9～3.76米，这个长度看起来不算什么，却是它们体长（17.5～22毫米）的170倍。如果同等体形的情况下做对比，奔跑速度每小时110千米的猎豹必须把速度提高到每小时770千米才有机会跟虎甲一较高下。

　　由于速度太快，虎甲在奔跑时甚至会出现看不清周围情况的现象，所以奔跑一阵就必须停下来观察。

"金钟罩铁布衫"——铁定甲虫

"金钟罩"和"铁布衫"分别是中国武术里两类用来护体的硬气功。人要想拥有此功夫必须经过刻苦的训练，而铁定甲虫的护体神功却是天生的。

铁定甲虫成虫体长2~3厘米，生活在美洲，在分类上属于鞘翅目幽甲科。

铁定甲虫的抗击打能力很强。和那些会飞的甲虫亲戚的两个鞘翅只在最上方由一个类似活页的结构相连不同，铁定甲虫两个鞘翅间的连接处特化成了一整块甲片，覆盖在后背上。

除了后背，铁定甲虫的肚子上也有甲片保

护，甲片间则由类似铰链的结构相互连接。这
些都大大增加了铁定甲虫的抗压能力。根据计
算，铁定甲虫可以承受住150牛顿的压力，被
自行车碾压都没事。

搏击海浪的"假蚊子"——摇蚊

摇蚊虽然和蚊子同属于双翅目长角亚目，但却不属于后者所在的蚊科，而是自成一个摇蚊科。

不是一个科，摇蚊自然有很多不同于蚊子的地方。它们的成虫不论雌雄都不吸血；幼虫的名字也不叫孑孓，而是叫"红虫"（身体呈红色）。在生存地点的选择上，摇蚊也更加广泛，除了陆地，它们还征服了海洋。

摇蚊科包含5000多个物种，其中的50多种成年后也在海上活动，就连繁殖都不例外。为适应海洋生活，这些摇蚊的身体发生了一系列适应性变化：非棒状的前翅特化成了类

似船桨的形状，腿变得更长，爪子也更加防
水。这些变化使得它们可以在海面上快速涉水
前行。

能"吹"出眼柄的突眼蝇

中国经典名著《西游记》中如来佛的手可以无限伸长，而自然界里的突眼蝇也有把眼柄变得很长的本事。

突眼蝇是双翅目突眼蝇科昆虫的统称，全世界已知的约有150多种，主要栖息于东南亚和非洲中南部等热带湿润地区。

绝大多数的突眼蝇都长有横着向两侧延伸的眼柄，上面长满了复眼。有趣的是，这两个眼柄并不是与生俱来的，而是突眼蝇"吹"出来的。刚羽化时的突眼蝇只有很短的眼柄，此时的它们首先利用腹部的气门吸足空气，然后用力把空气经头部推入眼柄，眼柄在空气作用下瞬间被抻长，最后在阳光下晒干水分后变成长条形。有些种类的突眼蝇，眼柄长度甚至超过了体长的1.5倍。

嘴巴像弹簧的 毒针蚁

zuǐ ba xiàng tán huáng de dú zhēn yǐ

腹部末端有螯针的昆虫除蜂家族的大多数成
fù bù mò duān yǒu shì zhēn de kūn chóng chú fēng jiā zú de dà duō shù chéng

员外，还包括一部分蚂蚁，毒针蚁就属于此类。
yuán wài hái bāo kuò yí bù fen mǎ yǐ dú zhēn yǐ jiù shǔ yú cǐ lèi

毒针蚁也叫螯蚁，指的是膜翅目蚁科毒针蚁
dú zhēn yǐ yě jiào áo yǐ zhǐ de shì mó chì mù yǐ kē dú zhēn yǐ

属的若干种蚂蚁。它们分布在南美洲的亚马孙
shǔ de ruò gān zhǒng mǎ yǐ tā men fēn bù zài nán měi zhōu de yà mǎ sūn

热带雨林中，喜欢在树上筑巢。除腹部末端的
rè dài yǔ lín zhōng xǐ huan zài shù shàng zhù cháo chú fù bù mò duān de

毒针外，它们身上还有很多尖刺，这些都是用
dú zhēn wài tā men shēn shàng hái yǒu hěn duō jiān cì zhè xiē dōu shì yòng

来防御的武器。

如果在蚂蚁家族里比谁的脸大，毒针蚁会有极高的概率夺魁。它们头部两侧类似于人下巴两侧的位置向外鼓起，使得脸颊看上去特别大，这是咬合肌太过发达的结果。毒针蚁是肉食性蚂蚁，足够发达的咬合肌有助于更快地制服猎物。

毒针蚁不仅咬合力强悍，口器闭合的速度也非常惊人，就像弹簧一样。毒针蚁的主食是反应机敏且善于弹跳的跳虫，这就意味着毒针蚁嘴巴接触到猎物的那一刻必须快速闭合才能吃到美味。

从小就是"演员"的蚁舟蛾

科学家把一个物种出于某种目的伪装成另一个物种的行为称为"拟态"。蚁舟蛾的幼虫就是个拟态高手。

蚁舟蛾是鳞翅目舟蛾科蚁舟蛾属的蛾子。和大多数毛毛虫胸部的3对足都很短不同，蚁舟蛾的幼虫只是身体最前端的第一对胸足很短，后面两对则比较长。这种"一短两长"的特征，让它们拥有了模仿蚂蚁的资本。蚁舟蛾幼虫把第一对短小的胸足冒充蚂蚁强有力的大颚，用两对较长的胸足中靠前的一对模仿触角，靠后的则充当腿。

当遭遇危险时，蚁舟蛾幼虫就会昂首翘臀，让自己的姿态看上去更像蚂蚁，同时不断舞动两对较长的胸足，恫吓来犯者。

士兵都是大脑袋的大头蚁

shì bīng dōu shì dà nǎo dai de dà tóu yǐ

如果说毒针蚁是脸最大的蚂蚁，那大头蚁就
rú guǒ shuō dú zhēn yǐ shì liǎn zuì dà de mǎ yǐ nà dà tóu yǐ jiù

是脑袋最大的蚂蚁。
shì nǎo dai zuì dà de mǎ yǐ

大头蚁在分类上属于蚁科的切叶蚁亚科，广
dà tóu yǐ zài fēn lèi shàng shǔ yú yǐ kē de qiè yè yǐ yà kē guǎng

泛分布于除南极洲外的其他六大洲，"蚁口"占
fàn fēn bù yú chú nán jí zhōu wài de qí tā liù dà zhōu yǐ kǒu zhàn

据蚂蚁总数的10%左右，是蚂蚁家族里第二繁
jù mǎ yǐ zǒng shù de zuǒ yòu shì mǎ yǐ jiā zú lǐ dì èr fán

盛的类群。虽然都叫大头蚁，但真正拥有大脑
shèng de lèi qún suī rán dōu jiào dà tóu yǐ dàn zhēn zhèng yōng yǒu dà nǎo

袋的只是其中的兵蚁（蚁后另当别论），工蚁和雄蚁的头身比都正常。

大头蚁的兵蚁长着一个和身体非常不成比例的巨大脑袋，看上去有点儿像蝌蚪。大头蚁兵蚁的脑袋不仅大，而且非常厚重，里面都是肌肉，这些肌肉可以在格斗时为大颚提供强有力的咬合力。一旦和其他巢穴的蚂蚁发生战争，大头蚁的兵蚁和工蚁就会协同作战。脑袋巨大的兵蚁就像现代的坦克或古代的战车，从正面展开进攻或防御，灵活的工蚁则在两翼辅助。

会滑翔的蚂蚁——龟蚁

大头蚁兵蚁的脑袋虽然大，造型上却不如龟蚁的兵蚁好看。

龟蚁同样是切叶蚁亚科的成员，只分布于美洲的热带和亚热带地区。它们喜欢在树枝上打洞筑巢，是典型的树栖蚂蚁。龟蚁以花粉为主食。坚硬的背甲是其得名原因。

龟蚁虽然不会飞，却能不经过攀爬就从树上直接下到地面，它们扁平的身体在向下跳时可起到滑翔伞的作用。

在面对其他蚂蚁的入侵时，龟蚁的兵蚁会用头部进行防御。它们头部的最前端宽大且扁

^{píng}平，^{kàn shàng qù}看上去^{jiù xiàng}就像^{dǐng le}顶了^{gè dùn pái}个盾牌，^{kě yòng lái dǔ zhù yǐ xué}可用来堵住蚁穴

^{de rù kǒu}的入口，^{zǔ dǎng rù qīn zhě}阻挡入侵者。^{chú le kào shēn tǐ gòu jiàn}除了靠身体构建^{gāng tiě}"钢铁

^{fáng xiàn}防线"，^{guī yǐ yě huì shǐ yòng yì xiē}龟蚁也会使用一些^{shēng huà wǔ qì}"生化武器"——^{shì}释

^{fàng hán yǒu chòu wèi de huà xué wù zhì}放含有臭味的化学物质，^{bǎ rù qīn zhě xūn tuì}把入侵者熏退。

"奴隶主"——悍蚁

蚂蚁中有些种类被称为"蓄奴蚁"。这些蓄奴蚁不喜欢也不善于劳动，需要抓其他蚂蚁当奴隶给自己打工。悍蚁就是一类蓄奴蚁。

悍蚁是蚁科悍蚁属的蚂蚁，名字里的"悍"字，表明它们具有极强的实力。不过这种实力仅限于格斗，在生存方面悍蚁可以说是一团糟。

悍蚁属的蚂蚁获取食物、抚养后代的能力严重不足，有些种类甚至完全不具备这些能力。为了生存，它们"想"到了利用那些善于劳动的蚂蚁。

不同种类的悍蚁选择奴役的蚂蚁种类各不相同，对于被奴役者的年龄要求却非常相似。所有的悍蚁都会凭借强悍的武力或释放信息素的方式让被奴役蚁群的兵蚁，把卵、幼虫、蛹抓到自己的巢穴内，由以前被抓来、现在已经长大的"奴隶工蚁"抚养长大。由于长期接触悍蚁的气味，这些被奴役的蚂蚁长大后就把它们当成自己的同伴，不会逃跑和反抗。

喜欢收集猎物头颅的佛州林蚁

佛州林蚁全称"佛罗里达林蚁"，在分类上属于蚁科蚁属，主要分布于美国东南部。在它们的巢穴中，有很多大齿猛蚁的头颅残骸。

能杀死块头和咬合力都大于自己的大齿猛蚁，佛州林蚁靠的是远程攻击的能力，它们的腹部可以喷射出比其他蚂蚁更多的蚁酸，而大齿猛蚁恰恰最害怕其他蚂蚁的蚁酸攻击。

杀死大齿猛蚁后，佛州林蚁会把其尸体带回巢穴，吃掉身体的其他部位只留下脑袋，然后不断地触碰，用这种方式把大齿猛蚁的气味弄到自己身上。

佛州林蚁这样做的目的是摆脱当地悍蚁的

<ruby>奴<rt>nú</rt></ruby><ruby>役<rt>yì</rt></ruby>。<ruby>佛<rt>fó</rt></ruby><ruby>罗<rt>luó</rt></ruby><ruby>里<rt>lǐ</rt></ruby><ruby>达<rt>dá</rt></ruby><ruby>的<rt>de</rt></ruby><ruby>悍<rt>hàn</rt></ruby><ruby>蚁<rt>yǐ</rt></ruby><ruby>非<rt>fēi</rt></ruby><ruby>常<rt>cháng</rt></ruby><ruby>喜<rt>xǐ</rt></ruby><ruby>欢<rt>huan</rt></ruby><ruby>抓<rt>zhuā</rt></ruby><ruby>捕<rt>bǔ</rt></ruby><ruby>佛<rt>fó</rt></ruby><ruby>州<rt>zhōu</rt></ruby><ruby>林<rt>lín</rt></ruby>

<ruby>蚁<rt>yǐ</rt></ruby><ruby>给<rt>gěi</rt></ruby><ruby>自<rt>zì</rt></ruby><ruby>己<rt>jǐ</rt></ruby><ruby>当<rt>dàng</rt></ruby><ruby>奴<rt>nú</rt></ruby><ruby>隶<rt>lì</rt></ruby>，<ruby>却<rt>què</rt></ruby><ruby>从<rt>cóng</rt></ruby><ruby>来<rt>lái</rt></ruby><ruby>不<rt>bù</rt></ruby><ruby>敢<rt>gǎn</rt></ruby><ruby>打<rt>dǎ</rt></ruby><ruby>大<rt>dà</rt></ruby><ruby>齿<rt>chǐ</rt></ruby><ruby>猛<rt>měng</rt></ruby><ruby>蚁<rt>yǐ</rt></ruby><ruby>的<rt>de</rt></ruby><ruby>主<rt>zhǔ</rt></ruby>

<ruby>意<rt>yì</rt></ruby>。<ruby>因<rt>yīn</rt></ruby><ruby>此<rt>cǐ</rt></ruby>，<ruby>佛<rt>fó</rt></ruby><ruby>州<rt>zhōu</rt></ruby><ruby>林<rt>lín</rt></ruby><ruby>蚁<rt>yǐ</rt></ruby><ruby>用<rt>yòng</rt></ruby><ruby>大<rt>dà</rt></ruby><ruby>齿<rt>chǐ</rt></ruby><ruby>猛<rt>měng</rt></ruby><ruby>蚁<rt>yǐ</rt></ruby><ruby>的<rt>de</rt></ruby><ruby>气<rt>qì</rt></ruby><ruby>味<rt>wèi</rt></ruby><ruby>来<rt>lái</rt></ruby><ruby>伪<rt>wěi</rt></ruby><ruby>装<rt>zhuāng</rt></ruby>

<ruby>自<rt>zì</rt></ruby><ruby>己<rt>jǐ</rt></ruby>。

储存花蜜的赤头细臭蚁

蜜蜂靠胃部被称为"蜜囊"的地方储存花蜜，一些蚂蚁的胃也有类似的功能，生活在大洋洲的赤头细臭蚁就是如此。

赤头细臭蚁是蚁科细臭蚁属的蚂蚁。细臭蚁属的成员普遍长有细长的腿和短小的躯干，身材上和蜘蛛有几分相似，所以也叫"蜘蛛蚂蚁"。赤头细臭蚁的种名"赤头"来自它们红色的头部。

赤头细臭蚁是杂食性蚂蚁，尤其偏好甜食，遇到花蜜这类的食物总是想一次性带回巢穴，储存花蜜的地方就是工蚁的身体。赤头细臭蚁中有一部分工蚁被称为"贮蜜蚁"，它们的胃有两个，其中一个用来进食，另一个用来存储花蜜。由于胃里存着族群在食物匮乏时所需的应急储备粮，贮蜜蚁都有一个圆鼓鼓的大肚子，这使得它们行动不便，只能依靠其他蚂蚁喂食来生存。

每次储备粮吃完后，工蚁间就会调换工作。上次做过贮蜜蚁的工蚁会外出采集花蜜；上次外出工作的工蚁则挺着大肚子在窝里做贮蜜蚁。

嘴上长刺的奇猛蚁

豪猪遭遇捕食者时，身上的刺会刺入对方身体。昆虫里的毛马陆同样有这个本事。不过，就像豪猪依旧免不了成为很多肉食性动物的"盘中餐"一样，毛马陆也阻挡不了奇猛蚁的攻击。

奇猛蚁是生活在中南美洲的蚂蚁，属于蚁科的猛蚁亚科，和大齿猛蚁是亲戚。既然叫猛蚁，凶猛强悍的程度不言而喻。"奇"字则来自它们的嘴巴。奇猛蚁的上颚延伸出很多尖锐的分叉。

如此特化的嘴巴可以说是专门为捕猎毛马陆而生出来的。奇猛蚁追上毛马陆后，不需要嘴巴接触，上颚的分叉就像牙签一样穿透毛马陆带刺的刚毛插入它们的体内。等固定住猎物后，奇猛蚁最前端的一对足就会发挥类似镊子的作用，把毛马陆的刺拔掉。

会 "种蘑菇" 的切叶蚁

dà duō shù mǎ yǐ dōu huì chǔ cáng shí wù　　qí zhōng yì xiē hái huì
大多数蚂蚁都会储藏食物，其中一些还会

duì shí cái jìn xíng jiā gōng　　shēng huó zài nán měi zhōu de qiē yè yǐ jiù huì yòng
对食材进行加工，生活在南美洲的切叶蚁就会用

zhí wù de yè zi　　zhòng mó gu
植物的叶子 "种蘑菇"。

guǎng yì shàng de qiē yè yǐ kě bāo hán yǐ kē qiē yè yǐ yà kē de
广义上的切叶蚁可包含蚁科切叶蚁亚科的

suǒ yǒu mǎ yǐ　　jiù xiàng mì fēng kē lǐ zhǐ yǒu shǎo bù fen chéng yuán huì
所有蚂蚁。就像蜜蜂科里只有少部分成员会

酿蜜一样，切叶蚁家族里真正会"切叶"的也只是个别属种。它们切下植物叶片的目的并不是直接食用，而是用来培育真菌，供蚁后和幼虫食用。

为成功种植蘑菇等菌类，切叶蚁的工蚁会分工协作。一部分成员爬到植物上切割下大片的叶子，交给块头较大的工蚁搬运回巢内的"种植园"。种植园选在有菌丝生长的地方。在这里，负责培育的工蚁会把叶片嚼碎，将经过唾液杀菌的碎叶子堆积在菌丝周围，供其食用。随后的时间内，工蚁还会用自己的粪便给菌丝增加营养（施肥），直到蘑菇长出来。

"爆炸蚂蚁"——桑氏平头蚁

桑氏平头蚁是蚁科平头蚁属的蚂蚁，分布在东南亚热带雨林中，身体呈棕红色。桑氏平头蚁最有效的攻击武器是体内黏稠的腐蚀性有毒液体，这种液体只有在身体爆裂时才能喷射出来。在面对无法靠正常撕咬打退的强敌时，桑氏平头蚁就会躬起身体，用力挤压腹部，把自己体壁挤爆，让黏稠的有毒腐蚀性液体喷射出去，杀伤对手。因为这种自爆的战斗方式，桑氏平头蚁得到一个响亮的绰号"爆炸蚂蚁"。

自爆虽然可以杀伤强敌，但也会让自己折损。因此，真正采用这种方式进行作战的"敢死队"只是桑氏平头蚁中体形较小的工蚁，而

那些更大更强壮的工蚁（兵蚁）则会在蚁穴
内待命。一旦外面的自杀性防卫不起作用，它们
就会用大颚和对手展开肉搏战。

蜇人最疼的膜翅目昆虫——子弹蚁

被蜂蜇了会感觉很疼，但如果跟被子弹蚁蜇的痛感比起来就不算什么了。

子弹蚁分布于南美洲的亚马孙雨林中，体长约3厘米，是蚂蚁家族里的大个子。子弹蚁并不会发射子弹，它们的身材也不是子弹的形状，名字里的"子弹"指代的是它们的攻击能力。

蚂蚁的祖先是一类放弃了飞行的原始蜂类。身为蚂蚁中出现年代较早的成员，子弹蚁的腹部末端保留了来自祖先的有毒螫针，其毒素含量在蚂蚁家族里数一数二，足以杀死小型蛙类。

即便是对于人类，子弹蚁的攻击也不可小

^{qù}觑。^{kē xué yán jiū fā xiàn}科学研究发现，^{rén lèi bèi zǐ dàn yǐ zhē yí xià de téng tòng}人类被子弹蚁蜇一下的疼痛

^{gǎn shì suǒ yǒu mó chì mù kūn chóng lǐ zuì qiáng liè de jiù rú tóng bèi dǎ}感是所有膜翅目昆虫里最强烈的，就如同被打

^{le yì qiāng zhè shì yīn wèi zǐ dàn yǐ dú sù zhōng de xiǎo fēn zǐ tài huì}了一枪。这是因为子弹蚁毒素中的小分子肽会

^{tí shēng bèi dīng yǎo zhě duì téng tòng de mǐn gǎn chéng dù}提升被叮咬者对疼痛的敏感程度。

爱吃肉的白蚁——山林原白蚁

生物学上把集群生活，并且在群体内部有明确分工的昆虫称为"社会性昆虫"。社会性昆虫除蚂蚁和部分蜂类外，还有白蚁。

102

白蚁并不是白色的蚂蚁，而是蟑螂的近亲，二者同属蜚蠊目。从外观看，白蚁念珠状的触角和蚂蚁的触角不同；白蚁胸腹部中间也没有蚂蚁那样明显的分节。身为不完全变态昆虫，白蚁的生长过程比蚂蚁少了"蛹"的阶段。

白蚁家族可分成白蚁科和原白蚁科两大分支，它们中的大多数种类是素食者，山林原白蚁却是无肉不欢。

山林原白蚁分布于我国长江以南、日本及越南境内，主要生活在海拔1000米左右的山林中。工蚁体长达到1厘米以上，更强壮的兵蚁则拥有咬合力极强的大颚，凡是能入口的肉食，无论是尸体还是活物，全都在它们的食谱之上。

长得像蚂蚁的蚁蜂

蚁蜂并不是单一的物种，而是泛指膜翅目胡蜂总科蚁蜂科的昆虫，全世界有3000多种。蚁蜂体长0.3~3厘米，主要生存于热带和亚热带地区，西半球的干旱沙漠中尤其多。

蚁蜂的命名来自它们的雌性成员。同为膜翅目昆虫，拥有共同祖先的蚂蚁和蜂类本来就很像，雌性蚁蜂又没有翅膀，看上去就更像蚂蚁了。

要想把它们和蚂蚁区分开来，可以从生活方式上入手：所有的蚁蜂都是独居的，不具备蚂蚁的社会结构。

蚁蜂拥有毒性极强的螫针，而且其螫针和

它们的近亲马蜂一样可以反复使用。有观点认为，蚁蜂如果连续攻击，甚至可以杀死一头牛。

给其他蚂蚁"打扫卧室"的瘤颚蚁

通常情况下，一种蚂蚁进入另一种蚂蚁的巢穴都是为了掠夺和杀戮。但瘤颚蚁却是其中的一股"清流"，它们"闯入"其他蚂蚁的家里是为了"打扫卫生"。

瘤颚蚁是蚁科切叶蚁亚科瘤颚蚁属的蚂蚁，广泛分布于世界各地，喜欢在温暖潮湿的地方生活，因头部的瘤状突起而得名。

瘤颚蚁属的成员是蚂蚁家族里的小个子，成虫平均体长只有0.2厘米。个子小，又没有螫针或者其他给力的"武器"，它们采用了"寄蚁篱下"的生活策略。

瘤颚蚁是杂食性蚂蚁，除自己种一些菌类来吃外，还喜欢吃螨虫和跳虫。这两类小虫大多出现在大中型蚂蚁的巢穴中。为吃到美味且富含营养的蛋白质，瘤颚蚁会潜入那些大个子亲戚的家里，甚至建立一个"巢中之巢"。

就像壁虎吃蚊子可以间接帮我们减少被蚊子叮咬一样，瘤颚蚁用餐的同时，也帮助亲戚们清理了巢穴，因此并不会被亲戚们赶走。它们和自己"打工"的蚂蚁家庭间算得上共生关系。

吃蚜虫的苍蝇亲戚——食蚜蝇

因为苍蝇（家蝇）的缘故，我们对蝇家族普遍没什么好感，但对于大自然来说，它们的生态作用不可或缺。即便对于我们人类，这个家族

里也有食蚜蝇这样的益虫。

食蚜蝇是双翅目食蚜蝇科的昆虫。世界上已经发现的食蚜蝇大约有5000种，我国有300种左右。

食蚜蝇成虫拥有黄黑相间的身体，再加上喜欢吃花蜜，看上去和蜂类很像，但触角较短。因为长得像，食蚜蝇在面对危险时会模仿后者的行为来恫吓天敌。它们用力抖动翅膀，把尾部高高翘起，摆出类似蜂类用螫针攻击前的动作。这种通过模仿其他物种来保障安全的行为被称为"贝氏拟态"。

大多数食蚜蝇科的成员小时候喜欢吃蚜虫。一些种类在幼虫时期能吃掉约400只蚜虫，是人类防治蚜虫的得力助手。

酷似苍蝇的强悍猎手——食虫虻

对于昆虫来说，它们用不着刻意防备蝇类，因为蝇类不是捕食性昆虫。但如果遇到和苍蝇长得有几分相似的食虫虻就另当别论了。

食虫虻也叫盗虻，泛指双翅目短角亚目食虫虻科的昆虫。食虫虻广泛分布于世界各地，有4700多种，其中约200种分布于我国。

和前面的食蚜蝇只在幼虫时期吃蚜虫不同，食虫虻长大以后也是吃肉的。它们的食性非常广泛，苍蝇、甲虫、蝴蝶、蝗虫、蜘蛛、蜜蜂都是其捕食对象，甚至连好战的黄蜂（胡蜂）也不放过。

能捕杀黄蜂，食虫虻靠的是"先下手为强"。两个巨大的复眼和中间的3个单眼相互配合，让它们拥有了极好的视力，可以提前发现对方并发动突袭。将猎物压在身下并用粗壮且带刺的腿固定住后，食虫虻会用消化液帮助完成进食。

拥有"驼鹿角"的片突角实蝇

蝇类家族里有很多长相奇特的，片突角实蝇就拥有像驼鹿角一样的触角。

片突角实蝇是节肢动物门昆虫纲双翅目实蝇科角实蝇属的物种，广泛分布于热带及亚热带地区，体长1～2厘米，喜欢吸食花蜜。

片突角实蝇的名字来源于雄性头部呈片

状的宽大触角，因看上去很像驼鹿的角，因此它们的别名就叫驼鹿蝇。

既然是雄蝇特有，其作用自然体现在同性的竞争上。在求偶期，雄性片突角实蝇会为了吸引异性而展开比拼，竞争者首先比较触角的大小，在视觉上给予对方震慑，从而争取达到"不战而屈人之兵"的目的。如果这种"文斗"无法分出胜负，那就只能武力解决了。

"专情的长鼻子"小虫——
北京枝瘿象

很多昆虫都喜欢在固定的植物上产卵，北京枝瘿象就特别"专情"于小叶朴（一种乔木）。

北京枝瘿象是一种黑色的象鼻虫，头部前方正中的细长部分和口器相连。也就是说，它们其实是长着大长嘴的昆虫。

虽然叫北京枝瘿象，但这种小虫的分布地却遍布中国的大部分地区，甚至可以说只要是有小叶朴的地方就能找到它们。雌性北京枝瘿象会把卵产在小叶朴的嫩茎中。几天之后，小北京枝瘿象出生，此时的它们还是白色的肉虫子，会沿着"妈妈"留下的破口啃咬茎叶，获取食物。小叶朴被啃咬过的地方会出现增生，形成俗称"木黄瓜"的"虫瘿"，成为小北京枝瘿象吃住的地方。由于被啃咬的地方会马上形成新的增生，小北京枝瘿象并不担心会把房子吃塌，它们一边把虫瘿当成庇护所，一边继续对其进行啃咬。

经过幼虫和蛹的阶段后，小北京枝瘿象会在8月份长大，它们还会继续在虫瘿里度过秋冬两季，直到第二年春天才会第一次爬出树外。此后，它们依旧会在虫瘿里居住。

最大水生昆虫——越中巨齿蛉

2016年，成都华希昆虫博物馆收到一份"吉尼斯世界纪录"证书，由该馆发现的越中巨齿蛉被鉴定为世界上最大的水生昆虫。

越中巨齿蛉来自昆虫家族中成员数量较少的广翅目，属于其下面的齿蛉科巨齿蛉属，主要分布于越南及中国南方的部分地区。

"广"字在汉语中有"宽大"的意思，广翅目也就是一类翅膀宽大的昆虫。一只体长约20厘米的越中巨齿蛉，翼展接近21.7厘米。

越中巨齿蛉名字中的"巨齿"来自它们成虫头部左右两侧的齿状突。由于成年后的越中巨齿蛉只吸食植物的汁液，所以这对看似威武的齿状突其实只用来打斗。虽然长大后吃素，但幼年时期的越中巨齿蛉无肉不欢。生长于淡水环境中的它们非常喜欢捕食其他水生昆虫和无脊椎动物，有时甚至会偷袭鱼虾和蝌蚪。

"弑夫"的棒络新妇

和螳螂一样，很多种类的雌蜘蛛也有吃掉配偶的习惯，这其中，棒络新妇"谋杀亲夫"的概率当属最高。

棒络新妇是蛛形纲蜘蛛目肖蛛科络新妇属的物种；在东亚、南亚、东南亚都有分布，是我国最常见的蜘蛛之一。其属名来源于日本鬼神故事中以男性为食的女蜘蛛精络新妇。

现实中的雌性棒络新妇当然无法变成美女去诱杀人，其毒性对人的影响微乎其微，但其对雄性伴侣的威胁却是所有蜘蛛里最高的（有研究显示其弑夫概率为89%）。棒络新妇的弑夫率如此高，其体形是个重要因素，成年雌

118

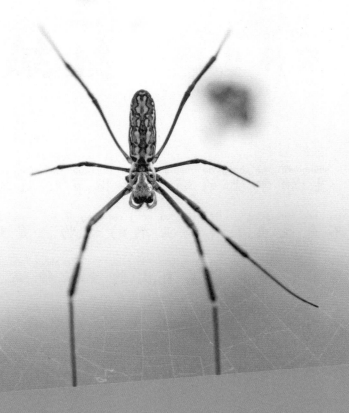

蛛体长为 2 ~ 2.8 厘米，相比之下，雄蛛只有伴

侣的四分之一大小。

　　虽然有较高的被杀风险，但雄性棒络新妇

也并非完全没有在婚配后活命的可能。有些个

体会选择在雌蛛吃饭时完成交配，然后赶快

撤离。

农林卫士——红绒螨

生物学上的螨虫泛指节肢动物门蛛形纲（不是昆虫）蜱螨亚纲的动物，是蜘蛛和蝎子的亲戚；全世界共有大约 5 万种螨虫，喜欢在人体内寄生的只是其中的一部分；有些螨虫非但不祸害人类，还是守护农林的益虫，比如红绒螨。

红绒螨因血红色的体表而得名，世界上有 300 多种，大多数种类体长在 0.5 厘米左右，较大的有 1 厘米以上，是螨虫家族里的大个子。

红绒螨小时候像昆虫一样长 6 条腿，在出生后的前一两周内，这些小家伙只能吃流食，它们会附着在昆虫的触角、足节等骨骼的缝隙

120

处，用口器的螯肢刺破寄主的皮膜，吸食体液。

等身体稍微长大一些，小红绒螨会进入地下生活，直到成年后才会破土而出。此时它们最大的变化就是多了两条腿，并且可以吃固体食物了。成年红绒螨是肉食性动物，最爱吃蚜虫等危害林木和农作物的害虫。

横行的蜘蛛——蟹蛛

蟹蛛是蛛形纲蜘蛛目蟹蛛科物种的统称，目前已知种类约2000种，绝大多数的体长在0.5厘米左右，超过1厘米的就是这个家族里少有的大个子了。蟹蛛在世界上大部分地区都有分布，喜欢在低海拔地区的灌丛、草地、树林等生境中活动。

蟹蛛的头胸部和腹部短宽，身体形态和螃蟹相似，因此也是横着走，这是其得名的原因。除了运动方式，蟹蛛的性格也很霸气，虽然体形小又不会织网来保护自己，并且毒性也不大，但它们的武力值却不低，经常偷袭并杀死比自己大的昆虫。有些种类的蟹蛛刚出生时甚至会冒天下之大不韪，从母亲腿部吸吮体液，直到把后者吸干。这种弑母行为看似残忍，却可以让小蟹蛛得到充足的营养，提高生存概率，有助于延续种群。

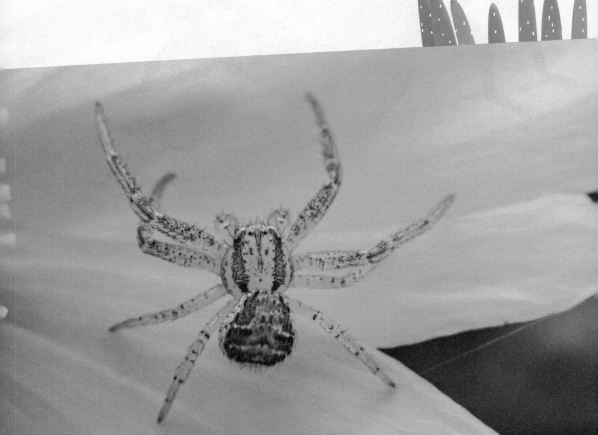

méi yǒu wěi ba de xiē zi
没有尾巴的蝎子

xiē zi bǎi wěi　　zhè ge cí　　xiǎng bì hěn duō rén dōu tīng shuō
"蝎子摆尾"这个词，想必很多人都听说

guò　　dàn xiē zi qí shí shì méi yǒu wěi ba de
过，但蝎子其实是没有尾巴的。

xiē zi hé zhī zhū tóng shǔ jié zhī dòng wù mén zhū xíng gāng　　tā men de
蝎子和蜘蛛同属节肢动物门蛛形纲，它们的

身体可分成头胸部和腹部两部分。不同的是，蜘蛛身体的两部分之间有明显的分节，而蝎子的分节从正面（后背所在的一面）是看不出来的（腹部的一面可以看出），再加上身体后部又扁又长（不像蜘蛛那么圆），所以很容易让人误把延长的腹部当成尾巴。

蝎子是纯肉食性动物，身体最前端的一对足如同螃蟹的大螯，粗壮而有力，在捕猎时可以牢牢夹住猎物，送到钳子状的嘴巴里嚼碎并注入消化液。预感到危险时，蝎子会翘起腹部，用肛门附近有毒的螫针对着强敌。

不同种类的蝎子毒性大小各不相同，大螯较小的蝎子毒性反而更强——没有肉搏战的资本，就只能靠"生化武器"展开自卫了。

眼睛会变色的跳蛛

我们常说"蜘蛛织网"，但真正会织网的蜘蛛只是蜘蛛家族里的部分成员，还有很多不靠织网来捕食的，动画片《小蜘蛛卢卡斯》里的卢卡斯，其原型跳蛛就属于此类。

跳蛛泛指蛛形纲蜘蛛目跳蛛科的动物，世界上大约有3000种，主要分布于热带和亚热带地区。跳蛛拥有粗壮的步足，因擅长跳跃而得名，是蜘蛛家族里唯一能做出扭头动作的。

跳蛛最奇特的地方非眼睛莫属。跳蛛共有8只眼睛，头部正面和两侧各4只。其中头部正面最中间的两只眼睛明显更大，在观察事物时起主要作用。

虽然可以扭头，但跳蛛更喜欢只转眼珠来
观察正面之外的情况。跳蛛眼睛的晶状体呈
管状，在肌肉的牵引下可以向不同方向"扫
描"。在这个过程中，跳蛛原本黑色的眼睛会
忽然变红或变绿。

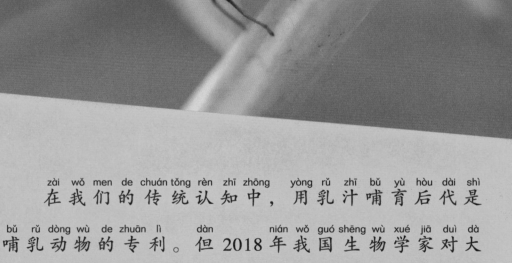

用乳汁哺育后代的大蚁蛛

在我们的传统认知中，用乳汁哺育后代是哺乳动物的专利。但2018年我国生物学家对大蚁蛛的研究却颠覆了这个认知。

大蚁蛛在蜘蛛家族里属于跳蛛科蚁蛛属，分布于东亚和东南亚的热带及亚热带地区。为防御天敌，大蚁蛛有时会通过收缩身体，举起身

体最前端的足等方式模拟蚂蚁，这也是其得名
的原因。

相比于很多动物都会的伪装，大蚁蛛哺育
后代的本领才真正令人瞠目结舌。产卵后的雌
性大蚁蛛腹部能分泌出一种类似乳汁的白色液
体。科学家经过鉴定发现，这种液体中含有蛋
白质、糖、脂肪等成分，和哺乳动物乳汁的成
分类似。其蛋白质含量是牛奶的4倍，糖和脂肪
的占比却低很多。

身为第一种被发现的靠乳汁养育后代的
非哺乳动物，大蚁蛛还表现出了一些只在哺乳
动物身上才有的行为，比如可以把后代养到
成年，甚至允许成年后的"女儿"和自己住
在一起。

唯一吃素的吉卜林巴希拉蜘蛛

世界上已发现的蜘蛛超过4万种，几乎都是纯粹的肉食性动物，吉卜林巴希拉蜘蛛却是个另类。

吉卜林巴希拉蜘蛛是一种热带蜘蛛，分布于中北美州的墨西哥和哥斯达黎加境内，成年后体长只有0.5～0.6厘米。在分类中，它们属于蜘蛛家族里数量最多的跳蛛科。名字中的"吉卜林"是为了纪念世界上首位获得诺贝尔奖的英国作家"约瑟夫·拉迪亚德·吉卜林"，"巴希拉"则是其作品《森林王子》中一只黑豹的名字。

　　身为唯一有食素习惯的蜘蛛，不同地区的吉卜林巴希拉蜘蛛在饮食习惯上也有差异。墨西哥的种群90%以上只吃合欢树叶尖富含蛋白质的小囊；哥斯达黎加的种群则有更大比例食用花蜜或蚂蚁幼虫。

雌雄捕食方式不同的流星锤蜘蛛

有些种类的蜘蛛雌雄两性会采用不同的捕食方式，如流星锤蜘蛛。

流星锤蜘蛛是蛛形纲蜘蛛目圆蛛科的物种，名字里的"流星锤"只跟雌蛛有关。雌性流星锤蜘蛛体长约1.5厘米，它们不会利用从腹部腺体中分泌的丝状物结网，而是把丝状物的末端（离身体最远的那头）弄成一个球形。总体造型看上去很像我国古代兵器里的流星锤，故而得名。

雌性流星锤蜘蛛使用的"武器"具有非常强的黏性和延展性，"锤头"里的黏液可以牢牢粘住猎物，延展性极强的锤柄不会因猎物的挣扎而断裂。流星锤蜘蛛最主要的猎物是鳞翅

目的各种飞蛾，因此这把"锤"还能释放出它
们的气味，用来吸引猎物。一旦猎物靠近，雌性
流星锤蜘蛛会把"锤"甩出去。有时，它们还会
制造前端分叉的"流星锤"，每个分叉上一个
黏球，以此来扩大面积，提高命中率。

　　相比于雌蛛，雄蛛的捕食方式就简单多了。
只有0.2厘米的体长让它们更容易隐蔽，以便
躲在叶片缝隙里偷袭靠近的小虫。

利用其他蜘蛛的网进行
反杀的 拟态蛛

拟态蛛也叫海盗蛛，分类上属于蜘蛛目拟态蛛科，已经发现的种类大约有100种，它们喜欢在低矮树木或落叶层中活动。

拟态蛛不结网，却喜欢光顾其他蜘蛛的网，目的只有一个——捕食。拟态蛛最喜欢的猎物恰恰是那些织网的亲戚，它们会故意撞到网上，然后拨动蛛丝，制造要抢夺蜘蛛网的假象（蜘蛛织网会消耗身体的营养物质，所以会拼命保护网），把"网主人"吸引过来，等对方靠得足够近时，拟态蛛就会用拥有毒腺的螯肢猛

yǎo duì fāng
咬对方。

　　wèi le xī yǐn liè wù shàng gōu　nǐ tài zhū huì xuǎn zé tǐ xíng bǐ
　为了吸引猎物上钩，拟态蛛会选择体形比

zì jǐ dà yì xiē de zhī zhū zhī de wǎng　tā men de dú xìng duì yú qīn qi
自己大一些的蜘蛛织的网，它们的毒性对于亲戚

de zuò yòng yào bǐ duì qí tā kūn chóng dà de duō　zú yǐ shùn jiān ràng qīn
的作用要比对其他昆虫大得多，足以瞬间让亲

qi shī qù fǎn kàng néng lì
戚失去反抗能力。

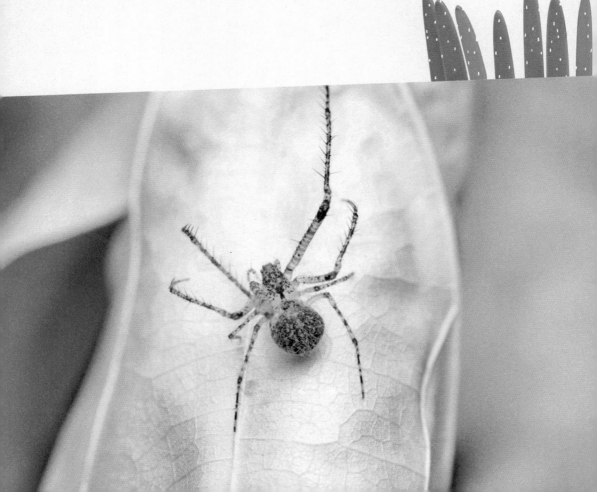

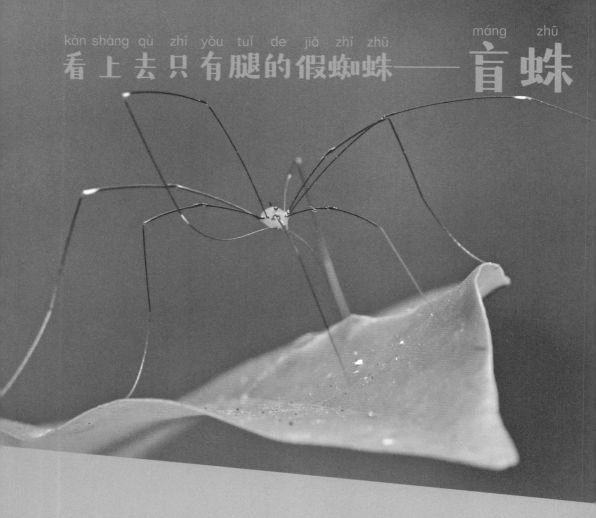

看上去只有腿的假蜘蛛——盲蛛

蛛形纲中除蜘蛛所在的蛛形目外，还包括其他几个目，有些长得非常像蜘蛛，如盲蛛。

盲蛛是盲蛛目动物的统称，虽然名为"盲蛛"，但并非全盲，其头部两个微小的眼睛为它们保留了有限的视觉。

如今，一些人会用"脖子以下全是腿"来形容一个人的腿很长，这显然是夸大其词，但用来形容盲蛛却非常贴切。盲蛛的躯干长度，也就是头胸部最前端到腹部后端通常只有 0.5 ~ 1 厘米，步足，也就是腿的长度却达到了 10 ~ 30 厘米，是体长的 20 ~ 30 倍。和壁虎断尾一样，盲蛛的腿一旦被天敌咬住，也能自动和身体分离，从而让它们逃离险境。

除了总体的身材比例，盲蛛和蜘蛛在躯干部分也不尽相同。蜘蛛头胸部和腹部的连接处明显变细，盲蛛则上下一般粗，看不出体节。

爱"上夜班"的避日蛛

避日蛛的概念可分成广义和狭义两类。广义上的避日蛛可泛指整个避日目；狭义上的则要精确到属的级别（避日蛛属）。

避日蛛主要分布于热带和亚热带地区，喜欢缺少植被的沙漠、戈壁等环境，但却不喜欢"晒太阳"，白天总躲在洞穴或掩体下面休息，晚上才出来进行捕食等活动。因为爱"上夜班"，它们得到了"避日"之名。

除了不会吐丝，避日蛛也不能释放毒液，带刺螯肢让它们具备了用简单粗暴方式捕食猎

wù de zī běn　　bì rì zhū de shí wù zhǔ yào yǐ dān gè de kūn chóng wéi
物 的 资 本 。 避 日 蛛 的 食 物 主 要 以 单 个 的 昆 虫 为

zhǔ　　yǒu shí yě huì jìn gōng mǎ yǐ de cháo xué　　shèn zhì gǎn bǔ shí xiǎo
主 ， 有 时 也 会 进 攻 蚂 蚁 的 巢 穴 ， 甚 至 敢 捕 食 小

xī yì
蜥 蜴 。

"戴面具"的假蜘蛛——节腹蛛

qián miàn tí dào de máng zhū qí shí hái yī jiù bǎo liú le yí duì xiǎo
前面提到的盲蛛其实还依旧保留了一对小

yǎn jing zhū xíng gāng lǐ zhēn zhèng méi yǒu shì jué de shì jié fù zhū
眼睛，蛛形纲里真正没有视觉的是节腹蛛。

jié fù zhū shǔ yú jié fù mù dì wù zhǒng zhǔ yào fēn bù zài fēi zhōu
节腹蛛属于节腹目的物种，主要分布在非洲

和美洲的热带地区，现有100多种。它们的体形非常小，体长只有0.5～1厘米。刚孵化时的节腹蛛只有6条腿，剩余两条要到第一次蜕皮后才长出来。

节腹蛛的身体表面覆盖着坚硬的背甲，背甲最前端多出来一块被称为"兜"的部分。这部分的甲片可随着头胸部的活动而向下盖住嘴巴，如同一个面具，是它们的标志性体征。

值得注意的是，古生物学家在史前的节腹蛛化石上发现了类似眼睛的痕迹，这表明现代节腹蛛的祖先曾经是有视觉的，后来退化了。至于退化的原因，生物学家还没有找到确切答案，猜测和生活环境的改变有关。

直着走的和尚蟹

和尚蟹是节肢动物门软甲纲十足目和尚蟹科和尚蟹属的物种，体长约2厘米，分布于中国南方、太平洋及印度洋的热带地区。和尚蟹喜欢集结成大群，在海边潮间带的柔软沙地上活动，遇到危险会快速躲进沙子里。它们背部甲壳圆而光滑，给人的感觉就像和尚的光头，故而得名。

大多数螃蟹因背甲呈短宽的椭圆形，导致身体横着长。和尚蟹则不同，它们的背甲呈圆形，拥有相对细长的身材，行走时受横向的力影响较小。更重要的是，大多数螃蟹步足

de guān jié zhǐ néng shàng xià huó dòng   wú fǎ zuǒ yòu huó dòng   hé shang xiè
的 关 节 只 能 上 下 活 动 ， 无 法 左 右 活 动 ， 和 尚 蟹

zé zuǒ yòu liǎng cè shēn zhǎn zì rú   zhè liǎng diǎn shǐ tā men kě yǐ zhí zhe
则 左 右 两 侧 伸 展 自 如 。 这 两 点 使 它 们 可 以 直 着

cháo qián zǒu
朝 前 走 。

能倒着走的蛙形蟹

蛙形蟹是软甲纲十足目蛙蟹科蛙蟹属的物种，因身材酷似蛙类而得名，体长可达14厘米。蛙形蟹是一种海生螃蟹，分布于我国的东海和南海海域，生活在10～150米深的浅海海底的沙地中，步足的附肢（相当于脚）呈扁平的铲子状，可用来挖掘沙土和游泳。

144

蛙型蟹拥有较强的运动能力，在海底沙地上无论是向前还是向后都能快速行走，这是它们的身体结构决定的。跟和尚蟹一样，蛙形蟹也拥有能左右活动的腿和较圆的背甲。从后面看，蛙型蟹有点儿像虾，这是因为其所属的蛙蟹科的腹部普遍没有像其他科螃蟹那样折叠起来压在身体下，而是向后延伸成了类似尾巴的部分。这无疑增加了身体的长度，让蛙形蟹拥有了长方形身材，从而适合纵向行走。

用毒保命的扇蟹

扇蟹可泛指十足目扇蟹总科的所有螃蟹，因身材呈扇形而得名。这类螃蟹普遍拥有色彩艳丽的外表，这是它们用来威慑天敌的"警示色"。这警示色可不是虚张声势，绝大部分扇蟹的体内都藏着毒。

扇蟹的毒素来自它们的食物。扇蟹以富含毒素的海藻为食，那些被吃进去的毒素就如同存入仓库的弹药一样留存在扇蟹体内。一旦有捕食动物吃了扇蟹，这些毒素就会在它们的肠胃中发作。久而久之，大多数捕食动物就不会把这些看起来很鲜艳的螃蟹当目标了。

不同种类的扇蟹由于所食的海藻种类以及

数量不同，体内毒素的毒性也不尽相同。这其
中要以绣花脊熟若蟹为毒王，它们体内的毒素
含量足以杀死4.5万只小白鼠。

长得像面包的普通黄道蟹

普通黄道蟹是十足目黄道蟹科黄道蟹属的一个物种，俗称面包蟹。这个俗名是根据它们头胸部起的。螃蟹的身体可分成头胸部和腹部两部分，由于腹部折叠起来，我们从背部的一面能看到的只有头胸部，上面的甲壳俗称"蟹壳"。和大多数螃蟹比，普通黄道蟹的蟹壳高高鼓起，就像蓬松的面包，再加上红褐色的颜色和面包皮比较接近，所以就被形象地称为面包蟹了。

普通黄道蟹喜欢在浅海区的海底沙地或泥地中活动，以同样底栖的贝类为食。它们的体色和形态能很好地融入环境，降低被猎物发现的可能。一旦抓住猎物，普通黄道蟹就会用它们那对粗大有力的大螯把对方的壳夹碎，再吃里面的肉。

普通黄道蟹不仅长得很萌，有些行为看起来也很萌。当它们感觉危险又来不及逃离时，就会用大螯护住大且没有甲壳保护的腹部，样子就像人类捂肚子一样。

"钳子"一大一小的招潮蟹

大多数螃蟹的两个"钳子"都是大小相等的，招潮蟹，准确说是雄性招潮蟹的却是一大一小。

招潮蟹是十足目沙蟹科招潮蟹属的螃蟹，喜欢在海边的沙地上挖洞安家。如同古代人讲究"日出而作，日落而息"，招潮蟹的作息时间则完全以潮汐为依据。海水涨潮时它们就躲进洞穴，并且用泥土当门堵住洞口，等到退潮时就出来进行包括进食在内的各种活动。

雄性招潮蟹一大一小的钳子虽然看起来有些不协调，却都有着各自不同的作用。那条由又厚又硬的甲壳构成，重量达到体重一半的大螯

主要用来挖洞、炫耀、打斗。至于那条小螯，除用于进食外，雄性招潮蟹在繁殖期还会将其和大螯一起不断挥动，再配合步足的动作，就是一套"钳子舞"，可用来吸引雌蟹。

喜欢背着海绵的拟绵蟹

有些螃蟹还会利用外界材料伪装自己，拟绵蟹就属于此类。

拟绵蟹在分类中属于绵蟹科拟绵蟹属，是一类海生螃蟹，分布于东亚、东南亚、大洋洲、非洲的部分海域内，主要活动区域在20～50米深的浅海，通常选择在海底岩石的下面或缝隙中休息。

拟绵蟹也叫海绵蟹，名字和它们的生活习惯相关。拟绵蟹每次从藏身的岩石下出来觅食或进行其他活动时，背上总背着一团海绵。拟绵蟹和海绵的关系属于"共生"，两者相互获利。海绵身上的臭气和毒素让它们几乎没有天敌；拟绵蟹用背部的绒毛固定住海绵，会让天敌以为这就是海绵，而放弃捕食的想法。同时，没有行动能力的海绵也可以搭乘拟绵蟹这个"便车"，在水中搜寻可吃的浮游生物。

红树林卫士——相手蟹
hóng shù lín wèi shì — xiāng shǒu xiè

红树林是一类生长于热带及亚热带海边潮
hóng shù lín shì yí lèi shēng zhǎng yú rè dài jí yà rè dài hǎi biān cháo

间带的湿地植物群落，因主要由常绿乔木或灌
jiān dài de shī dì zhí wù qún luò yīn zhǔ yào yóu cháng lù qiáo mù huò guàn

木组成的红树植物而得名，能起到防浪护坡、
mù zǔ chéng de hóng shù zhí wù ér dé míng néng qǐ dào fáng làng hù pō

净化海水等作用，是维护海洋生态的关键。而
jìng huà hǎi shuǐ děng zuò yòng shì wéi hù hǎi yáng shēng tài de guān jiàn ér

红树林的守护者就是相手蟹。
hóng shù lín de shǒu hù zhě jiù shì xiāng shǒu xiè

相手蟹可泛指十足目相手蟹科的螃蟹，喜
xiāng shǒu xiè kě fàn zhǐ shí zú mù xiāng shǒu xiè kē de páng xiè xǐ

欢在有红树林生长的海边、礁石、滩涂等地
huan zài yǒu hóng shù lín shēng zhǎng de hǎi biān jiāo shí tān tú děng dì

方生活。

　　相手蟹的主食是一种名为"团水虱"的小

虫。这种小虫喜欢在红树植物上打洞产卵，

时间长了会导致树木枯死。相手蟹吃掉这些小

虫，等于给红树林除病。

　　相手蟹也非常喜欢吃落叶，会把大量的落

叶带回树根下面的地洞中当储备粮。这些被带

到地下的树叶吃不完，腐败发酵后就变成了滋

养红树林的肥料。

　　此外，涨潮时富含氧气的海水会经相手蟹

的洞穴流到红树林的树根处，有助于红树林的

树根呼吸。

　　又给治病，又提供营养物质，还给带去氧

气，相手蟹可以算得上红树林卫士了。

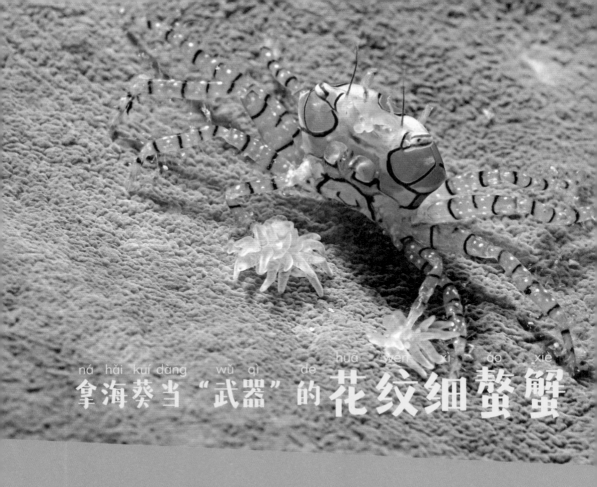

拿海葵当"武器"的花纹细螯蟹

<small>ná hǎi kuí dāng wǔ qì de huā wén xì áo xiè</small>

<small>yǒu yòng qí tā dòng wù zuò wěi zhuāng de yě yǒu yòng lái fáng shēn</small>
有用其他动物做伪装的，也有用来防身

<small>de huā wén xì áo xiè jiù bǎ hǎi kuí dāng chéng le wǔ qì</small>
的。花纹细螯蟹就把海葵当成了"武器"。

<small>huā wén xì áo xiè lái zì shàn xiè jiā zú tǐ cháng lí</small>
花纹细螯蟹来自扇蟹家族，体长2～5厘

<small>mǐ jū zhù zài tài píng yáng yìn dù yáng de rè dài qiǎn hǎi shuǐ yù</small>
米，居住在太平洋、印度洋的热带浅海水域。

<small>cóng míng zi bù nán cāi chū huā wén xì áo xiè shì yì zhǒng tǐ biǎo yǒu huā</small>
从名字不难猜出，花纹细螯蟹是一种体表有花

<small>wén áo zú fēi cháng xì xiǎo de páng xiè</small>
纹、螯足非常细小的螃蟹。

156

个头儿小，"武器"也不给力，为了能在危机四伏的海洋里生存，花纹细螯蟹找到了海葵。海葵是一类有毒珊瑚，因触手长得像葵花的花瓣而得名。花纹细螯蟹用自己的两把小钳子夹住海葵，把带毒刺的触角朝外，遇到危险时拼命挥舞，警示捕食者不要靠近。如果不能找到两朵大小适宜的海葵，花纹细螯蟹就会把一个海葵撕成大小差不多的两半，分别戴在螯足上。

由于花纹细螯蟹夹着海葵的样子很像戴手套的拳击手，所以也叫"拳击蟹"。花纹细螯蟹的恐吓通常只针对体形稍大一些的对手，遇到明显大于自己的，它们还是会选择走为上计。

体形似蝉的假螃蟹——蝉蟹

并不是所有名字里有蟹的甲壳类动物都是螃蟹，蝉蟹就是个假螃蟹。

蝉蟹是一类生活在浅海区海底的蟹，它们腿部的末端极为扁平，非常适合挖掘。蝉蟹因大小和身体形态都和蝉的幼虫很像而得名。称其为假螃蟹，依据在"蟹脐"和"步足"上。

在辨别螃蟹性别时，大家或许听到过"尖脐"（雄性）和"团脐"（雌性）的说法，所谓的脐就是螃蟹折叠在头胸部下面的腹部，称为"蟹脐"。螃蟹家族的成员，蟹脐都位于头胸部下面正中的位置，它们在分类上属于十足目里的短尾下目；而蝉蟹的蟹脐向身体一侧倾斜，它们属于歪尾下目（也叫异尾下目）。此外，虽然也属于十足目，但蝉蟹有一对步足退化得非常短小，因此从外表上只能看到8条腿（2条螯足和6条步足）。

树林中的"开椰器"——椰子蟹

椰子拥有厚厚的硬壳，我们人类要想吃到椰肉必须借助工具。但椰子蟹却可以轻松搞定。

和蝉蟹一样，椰子蟹也是个"假螃蟹"，属于十足目的异尾下目，分布于热带地区。椰子蟹除刚出生时的"浮游期"和繁殖产卵在水中外，其余时间都在树林中度过。它们成年后体长可达 1 米，体重能达到 4 千克，体形在蟹家族中数一数二。

在蟹家族中，椰子蟹和寄居蟹拥有较近的关系，椰子蟹刚度过浮游期从水中上来时，为保护柔软的腹部，会像寄居蟹一样寻找螺壳钻进去，直到腹部长出硬甲才会放弃螺壳。

椰子蟹的大螯闭合时能产生 3300 牛顿的力量，这在同等体形下可以超过美洲豹的咬合力。尽管力气很大，椰子蟹开椰子时却并不蛮干。在爬上树摘下椰子并"抱"到地面上后，它们首先会剥掉椰子上面的椰棕，露出"发芽孔"。发芽孔周围椰壳最薄，椰子蟹就从这里下螯，轻松品尝到美味。

"背着房子"的假螃蟹——寄居蟹

寄居蟹的肚子始终是柔软的，为了降低被捕食的概率，它们必须为自己找一个掩体，这个掩体就是螺壳。

寄居蟹是十足目异尾下目寄居蟹科的物种，不仅以螺类动物为食，还喜欢霸占它们的壳。从外观上看，它们只有4条用于行走的步足（另外4条退化）。

寄居蟹的一生几乎都在螺壳里度过，对螺壳的选择自然很有讲究：不能太小，那样钻不进去；也不能太大，那样不但影响行动也不安全（天敌可以直接把它们掏出来）。基于这些原因，寄居蟹在长大的过程中就需要不断"换

房"。换房的情况有两种：一种是杀死海螺或者找个空壳住进去；另一种则是真正的交换。

第二种情况主要出现在大小不同的寄居蟹之间（体形小的发现找的壳大，等着体形大的来换）。

除了这种"文明"的方式，寄居蟹之间还会抢夺"房源"，当两只体形相仿的寄居蟹同时看上一个螺壳时，就需要靠威慑甚至打斗来决定房主是谁了。

拥有大螯的假龙虾——波士顿龙虾

yōng yǒu dà áo de jiǎ lóng xiā　　　bō shì dùn lóng xiā

喜欢海鲜的"吃货"们，对于波士顿龙虾想
必不会陌生。这种虾最大能长到60厘米长、
20千克重，一对末端呈钳子状的巨大螯足让
其看上去颇有些"虾中之龙"的感觉，但它们
的真实身份却和龙虾无关。

波士顿龙虾的中文正名叫"美洲螯龙虾"，

在生物分类中跟"麻辣小龙虾"的原料"克氏原螯虾"同属十足目螯虾下目，都是假龙虾。螯虾下目的所有成员，无论体形大小，前3对步足全部特化成螯状，其中又以第一对尤为粗壮，形成可用来捕食或自卫的大钳子。

波士顿龙虾是一种生活在冷水中的纯海生虾，其主要栖息地为美国东海岸的缅因州。以"波士顿"命名只是因为那里是美国东部最大的港口城市，被捕捞上来的美洲螯龙虾会从那里"走向世界"。

非常有意思的是，虽然现在的波士顿龙虾价格不菲，但在几百年前，波士顿龙虾却是给囚犯和穷人吃的"粗食"，还引发过当地人对于伙食太差的抗议。

摩擦触角当"武器"的龙虾

有徒有虚名的假龙虾，自然也有如假包换的真龙虾。

龙虾不是单一的一种虾，而是龙虾科12属19种虾的统称。龙虾原产于美洲，如今在全世界都有分布，比较著名的有中国龙虾、锦绣龙虾、澳洲龙虾等。这19种虾有个共同特点，最靠前的那对步足没有变成最后一节呈钳子状的螯足，它们也因此被归类于十足目中的无螯下目。

龙虾的体长为20～40厘米，平均体重0.5千克，是虾中较大的一类。不仅体形大，它们的虾壳也比其他几类虾要厚硬许多，壳上面还长

满了可用来防御的尖刺。或许是没有大螯的缘
故，龙虾总是小心谨慎，没事时就躲在由珊瑚礁
构成的海底洞穴中，外出也只是在附近转转。

一旦遇到危险，龙虾就会用头部的两根粗壮触
角相互摩擦，以此来发出声响，并趁着天敌被
惊到的这个工夫赶紧躲回洞里。

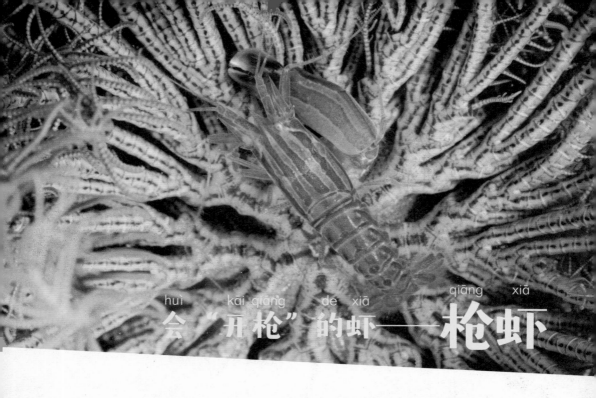

会 "开枪" 的虾——枪虾

枪虾的中文正名叫"鼓虾",属于十足目真虾下目鼓虾科,因螯足末端的钳指闭合声音像敲鼓声而得名。

真虾下目的成员前两对步足通常会形成螯状,但没有一对加粗变长的,因此看上去并没有大钳子。枪虾却是个例外,它们的第一对螯足较长,其中一个又明显更加粗大。

枪虾这一大一小两把钳子各有用处,小的

168

用来进食，大的则用来捕食和御敌。和螯虾以及螃蟹不同，枪虾的大螯不是简单地夹，而是用挤压水产生的气泡进行远程打击。它们钳子上相对的一面分别有凹槽和凸起，打开时海水就会流进凹槽里，重新闭合时凸起的一面会把凹槽里的水挤压出去。

枪虾钳子闭合只需0.6毫秒，如此快的速度会对水形成瞬间高压，致使其形成气泡并以每小时100千米的速度发射出去，所产生的声音足以影响声呐探测器，震晕小鱼小虾更是不在话下，这也是"枪虾"名字的由来。

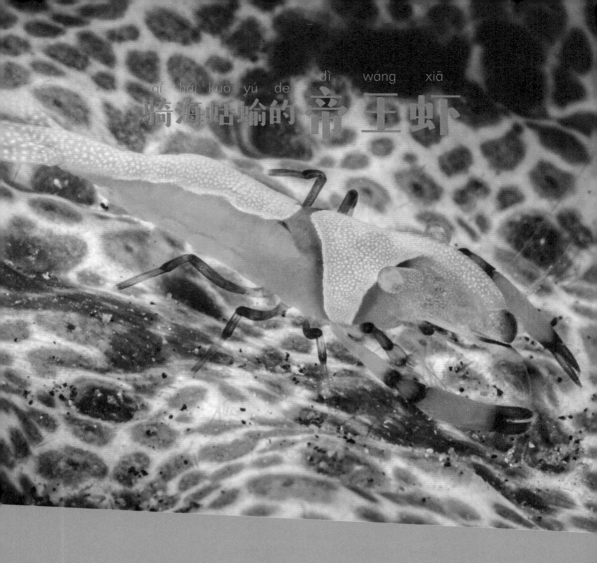

骑海戏鲬的帝王虾

像枪虾这样拥有远程武器的虾毕竟是少数，一些无力自保的小虾选择了以其他动物做掩体，帝王虾就是其一。

帝王虾是十足目长臂虾科隐虾亚科的物

种，体色以红色为主，上面有白色斑块，看上去非常艳丽。虽然顶着帝王的名号，但其体长却只有2厘米左右，因此只能东躲西藏地过日子，其分类中的"隐虾"二字也间接说明了其生存策略。

　　帝王虾所隐藏的地方主要为软体动物海蛞蝓的身体，它们尤其喜欢巨型海蛞蝓，对方皮肤的褶皱是它们的藏身之所。帝王虾在海蛞蝓的皮肤褶皱中安家，作为回报，它们会吃掉对方身体里排出来的废物和皮肤内的寄生虫。帝王虾也并不是一直待在海蛞蝓皮肤的褶皱里，它们平时都骑在对方身上，只有感到危险才会钻进褶皱。

"撒尿"自卫的皮皮虾

皮皮虾的中文正名叫"虾蛄"，在生物分类中属于节肢动物门软甲纲口足目，约有400多种。之所以叫口足目，是因为它们最大的两个颚足是从颚部两侧长出来的，而不像虾蟹那样由躯干两侧的步足演化而成。

皮皮虾是海生肉食性动物，用颚足捕食，各种小鱼、小虾、海胆、贝类全都在它们的食谱上。跟蟹类及部分虾类螯足的最后一个指节呈钳子状不同，皮皮虾颚足的末端如同爪子，总体形态和螳螂的捕捉足有点儿像（因此也叫"螳螂虾"）。不同的是，螳螂捕食时两个捕捉足是像刀一样往下砍，皮皮虾则是从下往上挑。皮皮虾按捕食方法可分为"穿刺型"和"粉碎型"两类：前者爪子末端尖细，能刺入猎物体内；后者爪子比较粗，可以像锤子一样砸猎物。

　　如果对方搞背后偷袭，皮皮虾就会从身体后部喷射出一股液体，过程看上去如同撒尿，所以它们的另一个俗名就叫"撒尿虾"。

俗名"仙女虾"的枝额虫

枝额虫是生活在淡水中的小型甲壳动物，体长约2厘米，俗称"仙女虾"，但这仅仅是因为它们形态优美并且看上去有点儿像虾而已。从关系上说，枝额虫跟虾的关系除了同属节肢动物门甲壳亚门外再无瓜葛。

枝额虫的生命力很强，虽然是水生动物，却也能在极度缺水的环境中生存，更能轻松应对高温和严寒。

不仅是枝额虫成虫，枝额虫的卵同样具有极强的生命力。倚仗卵壳内隔热层的保护，枝额虫的卵在被沸水煮过后依旧可以孵化。枝额虫的卵在水中孵化，如果是在干旱环境中则一直静默不动，这个时间可持续上万年。也就是说，它们现在产下的卵到1万年以后依然可以孵化。

我国古代神话人物二郎神拥有3只眼睛，一种名叫佳朋鲎虫的动物同样如此。

佳朋鲎虫是节肢动物门鳃足纲背甲目鲎虫科鲎虫属的物种，也是唯一在我国有分布的鲎虫。它们居住在池塘、湖泊等淡水环境，以有机碎屑以及水中的小虫为食。

佳朋鲎虫的身体形态看上去像前后颠倒的蜗牛：头胸部椭圆形的甲壳如同蜗牛的壳，细

176

长的腹部以及后面的分叉如同蜗牛的软体和触角。头部的3只眼睛以及从恐龙时代就没有变化的外表，让它们有了一个更让人熟知的俗名"三眼恐龙虾"。

三眼恐龙虾两侧的黑眼睛是复眼，用于观察；中间的白眼是单眼，用来感知光线。当它们需要看东西时，中间单眼会把收集到的光线经视神经传给两侧的复眼，3只眼睛相互配合就形成了一幅清晰的画面。

三眼恐龙虾的卵非常神奇，如果环境条件不合适，它们的卵就会停止发育，等到条件重新变得合适后再继续孵化。这种现象称为"滞育"。在滞育状态下，三眼恐龙虾的卵可存活至少25年。

蓝色血液的鲎

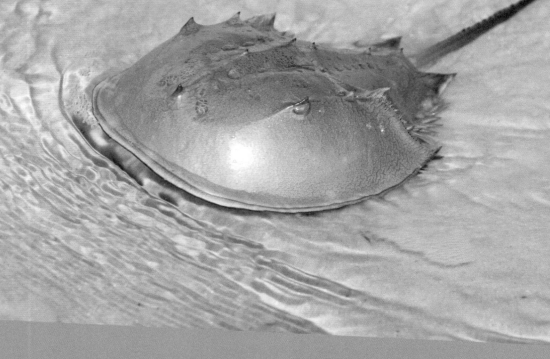

在我们的认知中，血液是红色的。但自然界中却存在不少蓝血动物，比如下面要说的鲎。

鲎是古老的节肢动物，在地球上生存的时间已经超过4亿年，在生物分类中和蜘蛛、蝎子同属节肢动物门的螯肢亚门。古老的动物通常长得都比较奇怪，鲎也不例外。它们拥有10

只眼睛；头胸节非常宽大，呈马蹄形（因此得到了"马蹄蟹"的俗称），和略微窄小的腹节一起被硬甲覆盖，看上去就像盖了盖子；腿的数量堪比螃蟹；腹节后面细长的部分看上去就像插了一把剑。

相比于外表，鲎身体内部更加奇特。由于缺乏红色铁离子，鲎体内的"红血蛋白"被富含铜离子的"血蓝蛋白"所取代，血液也因此变成了蓝色。除了色彩不同，鲎血液凝固的速度也要快于我们熟悉的动物。科学家根据鲎血液的这个特征，制造出能快速检测食品及药品是否被污染的"鲎试剂"。

长寿的红海胆

长寿和永葆青春是很多人所渴望的。对于人来说，长寿和永远年轻目前或许只是美好的愿望，但有些动物却早就做到了这一点，红海胆（俗称海刺猬）就是它们中的一员。

红海胆在分类上属于棘皮动物门海胆纲。全世界共有900多种海胆，红海胆是其中之一，生活在太平洋海域。和很多有硬壳保护的动物一样，红海胆的身体和器官也被由石灰质骨板愈合而成的壳包裹着，壳上还有很多棘刺。

红海胆的寿命可达200岁，是世界上最长寿的动物之一。不仅如此，它们还能从始至终保持青春的容颜，这得益于它们特殊的身体机制。红海胆成年后会一直保持自身状态，十几年的红海胆和上百年的红海胆相比较，它们的身体机能没有任何不同。红海胆的生活环境有助于其长寿，它们生活在沿海浅水域，环境相对稳定，减少了外界因素的干扰。此外，红海胆的生理特性也为其长寿提供了保障。它们主要以大型海藻为食，拥有锋利的牙齿，甚至可以咬穿坚硬的石头。更重要的是，红海胆的牙齿可以更新换代，这种生理特性进一步延长了它们的寿命。

用肛门呼吸和进食的海参

大多数人对于海参的了解，或许只限于"一种营养价值极高的食品"。其实，这类小东西身上隐藏着巨大的秘密。

海参泛指棘皮动物门海参纲的动物，共有900多种，主要分布在太平洋和印度洋的热带海域，我国大约有140种，大部分栖息在南海。大多数海参都拥有极其艳丽的外表（平时看到的黑乎乎的海参只是一些可食用的种类）。

海参以海底泥沙中的有机碎屑和浮游生物为食。它们进食的地方除位于触手附近的口（嘴巴）外，还有位于身体较粗一端的肛门。不过，肛门的最主要作用并不是进食，而是呼吸。

海参的呼吸器官叫"呼吸树"，开口位于肛门附近。肛门又和胃相连。当海参呼吸的时候，大量的有机碎屑和浮游生物也被吸进肛门，海参就间接完成了吃饭的任务。

海参身体柔软，行动缓慢，却鲜有天敌。这是因为它们可以从体内排出一种叫"居维氏管"的物质，这种物质看上去像面条，味道非常难闻且具有毒性，弄到其他动物身上会变得非常黏稠，能缠住捕食者从而抵御捕食者。

<ruby>身<rt>shēn</rt></ruby> <ruby>上<rt>shàng</rt></ruby> <ruby>有<rt>yǒu</rt></ruby> <ruby>孔<rt>kǒng</rt></ruby> 的 <ruby>海<rt>hǎi</rt></ruby> <ruby>绵<rt>mián</rt></ruby>

<ruby>提<rt>tí</rt></ruby> <ruby>到<rt>dào</rt></ruby> <ruby>海<rt>hǎi</rt></ruby> <ruby>绵<rt>mián</rt></ruby>，<ruby>估<rt>gū</rt></ruby> <ruby>计<rt>jì</rt></ruby> <ruby>很<rt>hěn</rt></ruby> <ruby>多<rt>duō</rt></ruby> <ruby>人<rt>rén</rt></ruby> <ruby>首<rt>shǒu</rt></ruby> <ruby>先<rt>xiān</rt></ruby> <ruby>想<rt>xiǎng</rt></ruby> <ruby>到<rt>dào</rt></ruby> <ruby>的<rt>de</rt></ruby> <ruby>是<rt>shì</rt></ruby> <ruby>一<rt>yì</rt></ruby> <ruby>种<rt>zhǒng</rt></ruby> <ruby>具<rt>jù</rt></ruby> <ruby>有<rt>yǒu</rt></ruby> <ruby>吸<rt>xī</rt></ruby> <ruby>水<rt>shuǐ</rt></ruby> <ruby>功<rt>gōng</rt></ruby> <ruby>能<rt>néng</rt></ruby> <ruby>的<rt>de</rt></ruby> <ruby>软<rt>ruǎn</rt></ruby> <ruby>质<rt>zhì</rt></ruby> <ruby>材<rt>cái</rt></ruby> <ruby>料<rt>liào</rt></ruby>。<ruby>生<rt>shēng</rt></ruby> <ruby>活<rt>huó</rt></ruby> <ruby>中<rt>zhōng</rt></ruby> <ruby>用<rt>yòng</rt></ruby> <ruby>到<rt>dào</rt></ruby> <ruby>的<rt>de</rt></ruby> <ruby>大<rt>dà</rt></ruby> <ruby>多<rt>duō</rt></ruby> <ruby>是<rt>shì</rt></ruby> <ruby>人<rt>rén</rt></ruby> <ruby>造<rt>zào</rt></ruby> <ruby>海<rt>hǎi</rt></ruby> <ruby>绵<rt>mián</rt></ruby>。<ruby>下<rt>xià</rt></ruby> <ruby>面<rt>miàn</rt></ruby> <ruby>要<rt>yào</rt></ruby> <ruby>讲<rt>jiǎng</rt></ruby> <ruby>的<rt>de</rt></ruby> <ruby>则<rt>zé</rt></ruby> <ruby>是<rt>shì</rt></ruby> <ruby>活<rt>huó</rt></ruby> <ruby>生<rt>shēng</rt></ruby> <ruby>生<rt>shēng</rt></ruby> <ruby>的<rt>de</rt></ruby> <ruby>动<rt>dòng</rt></ruby> <ruby>物<rt>wù</rt></ruby> —— <ruby>海<rt>hǎi</rt></ruby> <ruby>绵<rt>mián</rt></ruby>。

<ruby>海<rt>hǎi</rt></ruby> <ruby>绵<rt>mián</rt></ruby> <ruby>在<rt>zài</rt></ruby> <ruby>生<rt>shēng</rt></ruby> <ruby>物<rt>wù</rt></ruby> <ruby>分<rt>fēn</rt></ruby> <ruby>类<rt>lèi</rt></ruby> <ruby>中<rt>zhōng</rt></ruby> <ruby>自<rt>zì</rt></ruby> <ruby>立<rt>lì</rt></ruby> <ruby>门<rt>mén</rt></ruby> <ruby>户<rt>hù</rt></ruby>，<ruby>属<rt>shǔ</rt></ruby> <ruby>多<rt>duō</rt></ruby> <ruby>孔<rt>kǒng</rt></ruby> <ruby>动<rt>dòng</rt></ruby> <ruby>物<rt>wù</rt></ruby> <ruby>门<rt>mén</rt></ruby>，<ruby>全<rt>quán</rt></ruby> <ruby>世<rt>shì</rt></ruby> <ruby>界<rt>jiè</rt></ruby> <ruby>大<rt>dà</rt></ruby> <ruby>约<rt>yuē</rt></ruby> <ruby>有<rt>yǒu</rt></ruby> 1 <ruby>万<rt>wàn</rt></ruby> <ruby>种<rt>zhǒng</rt></ruby>。<ruby>除<rt>chú</rt></ruby> <ruby>少<rt>shǎo</rt></ruby> <ruby>数<rt>shù</rt></ruby> <ruby>在<rt>zài</rt></ruby> <ruby>淡<rt>dàn</rt></ruby> <ruby>水<rt>shuǐ</rt></ruby> <ruby>区<rt>qū</rt></ruby> <ruby>域<rt>yù</rt></ruby> <ruby>定<rt>dìng</rt></ruby> <ruby>居<rt>jū</rt></ruby> <ruby>外<rt>wài</rt></ruby>，<ruby>其<rt>qí</rt></ruby> <ruby>余<rt>yú</rt></ruby> <ruby>都<rt>dōu</rt></ruby> <ruby>生<rt>shēng</rt></ruby> <ruby>活<rt>huó</rt></ruby> <ruby>在<rt>zài</rt></ruby> <ruby>海<rt>hǎi</rt></ruby> <ruby>洋<rt>yáng</rt></ruby> <ruby>里<rt>lǐ</rt></ruby>。<ruby>不<rt>bù</rt></ruby> <ruby>同<rt>tóng</rt></ruby> <ruby>种<rt>zhǒng</rt></ruby> <ruby>类<rt>lèi</rt></ruby> <ruby>的<rt>de</rt></ruby> <ruby>海<rt>hǎi</rt></ruby> <ruby>绵<rt>mián</rt></ruby>

大小差别很大，最小的只有几毫米，最大的则有

2米；在形态上更是有盘子、扇子、高脚杯、

圆球、瓶子等多种形状。

和动画片《海绵宝宝》中酷似机器人的海绵

造型不同，现实里的海绵没有头、躯干、四肢，

甚至没有神经和组织器官。从外观看，海绵就

像某种植物，软绵绵的身体内部由相当于骨

骼的"骨针"支撑，固定在海床、礁石，以及

贝类动物的壳上。

身为多孔动物，海绵身上自然有很多小

孔，这些小孔是它们用来吃东西的"嘴"。通

过振动身体上的鞭毛，海绵将含有浮游生物

的海水吸入到小孔里，完成滤食。

海绵的身体会散发一种臭味，有些种类还

会放毒，因此在自然界中天敌很少。

bèi xuǎn wéi yóu piào tú àn de
被选为**邮票图案**的
bā bù yà xiāo shuǐ mǔ
巴布亚硝水母

nián wǒ guó tái wān dì qū yóu zhèng bù mén fā xíng le yí tào
2014年，我国台湾地区邮政部门发行了一套
hǎi yáng shēng wù yóu piào qí zhōng yǒu zhǒng de zhǔ jué shì shuǐ mǔ bā
海洋生物邮票，其中有4种的主角是水母，巴
bù yà xiāo shuǐ mǔ jiù shì qí zhōng zhī yī
布亚硝水母就是其中之一。

巴布亚硝水母是肛肠动物门钵水母纲硝水母科硝水母属的物种，因在阳光下会呈现珍珠一样的光泽而被称为"珍珠水母"，成年后体长约35厘米。巴布亚硝水母主要栖息于印度洋和太平洋的广袤海域中，我国的香港、厦门、广东、海南等海域也有分布。

身为浮游生物，巴布亚硝水母没有主动追逐猎物的能力，吃饭得靠小牧鱼来帮忙。小牧鱼是一种体长约7厘米的小鱼，可以凭借小巧的身形穿梭于巴布亚硝水母伞状部位的有毒触手间，并且把自己的天敌吸引到此地，供水母食用。巴布亚硝水母则利用触手给小牧鱼提供避难所，两者形成了互利共生的关系。

靠吸引大型生物自保的警报水母

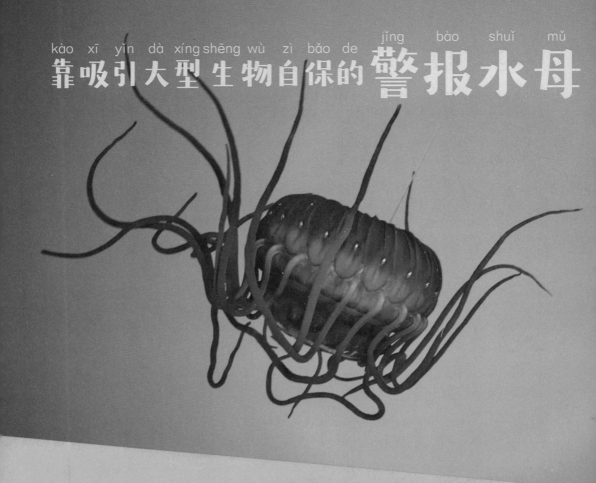

生物在面临天敌攻击时，除了自身所拥有的防御技能外，"求助"也是个不错的选择。警报水母就有这个本事。

警报水母是刺胞动物门（也叫腔肠动物

门）的物种，全球海域都有分布。警报水母喜欢在深 500～1500 米的深海区漂浮，躯干部分直径可达 15 厘米，呈盘状，看上去有点儿像 UFO。躯干周边有 22 根触手，其中 1 根明显比其他的粗长很多，是警报水母捕食的工具。

　　和所有会发光的水母一样，警报水母体内拥有一种叫"埃奎林"的发光蛋白。当它们遇到危险时，身体会发出非常强烈的光，从而把更大的捕食动物吸引过来。由于那些体形较大的动物普遍不以水母为食，警报水母用发光的形式报警求助，也就起到了吓跑天敌的作用。

用"皮肤"呼吸的蚯蚓

世界上的生物都需要呼吸。陆生脊椎动物和水生哺乳类用肺呼吸，鱼、虾蟹等用鳃，昆虫用气管，还有的用皮肤。蚯蚓就属于最后一种。

蚯蚓是一类环节动物的泛称，世界上共有3000多种，其中200多种在我国有野生种群分布。蚯蚓主要生活在靠近地表的土壤中，以腐败的植物和有机碎屑为食。绝大多数蚯蚓的体长在几厘米到十几厘米，个别种类则能达到1米左右。

蚯蚓喜欢在阴暗潮湿的环境下生活。它们

méi yǒu zhuān mén de hū xī qì guān　zhǐ néng kào　pí fū　shàng hé xuè
没有专门的呼吸器官，只能靠"皮肤"上和血

guǎn xiāng lián de xiǎo kǒng jìn xíng qì tǐ jiāo huàn　rú tóng gǒu de bí qiāng
管相连的小孔进行气体交换。如同狗的鼻腔

yào bǎo chí shī rùn cái néng gèng hǎo de xiù wén yí yàng　qiū yǐn yě xū
要保持湿润才能更好地嗅闻一样，蚯蚓也需

yào tǐ biǎo shī rùn cái néng zhèng cháng hū xī　fǒu zé jiù huì yīn tuō shuǐ
要体表湿润才能正常呼吸，否则就会因脱水

ér sǐ wáng
而死亡。

"非典型"蛞蝓——巨盾蛞蝓

巨盾蛞蝓，对于很多人来说，或许有些陌生。想要了解它们，需要先了解蛞蝓，蛞蝓有个名气很大的亲戚——蜗牛。

蛞蝓和蜗牛都是生活在陆地上的软体动物，同属腹足纲柄眼目。它们的足全都长在肚子上，眼睛则长在像天线一样伸出来的一对触角上。蛞蝓可进一步分成"真蛞蝓"和"半蛞蝓"两类，它们和蜗牛的最大区别在身体结构上。蜗牛在遇到危险时，可以把身体的软体部分完全缩回到壳里；蛞蝓则刚好相反，壳被软体包裹，其中真蛞蝓的壳因为太小根本看不见，半蛞蝓的壳在平时只露出一部分，遇到危险会完全缩回软体内。打个比方：蜗牛相当于开汽车，属于"铁包肉"；蛞蝓则相当于骑摩托车或电瓶车，属于"肉包铁"。

但蛞蝓家族里也有个非典型的另类，这就是半蛞蝓里的巨盾蛞蝓，虽然也是"肉包铁"的身体构造，但巨盾蛞蝓的壳却完全暴露出来，看上去就像背着个盾牌，其名字就是这么来的。然而相比于蜗牛的壳，巨盾蛞蝓的壳的硬度就差多了。

美丽的微型杀手——裸海蝶

海洋中有一类随波逐流的生命体，被称为"浮游生物"，浮游生物中的绝大多数成员体形微小，因此非常容易被忽略。其实，它们的世界里同样有一条弱肉强食的食物链，裸海蝶就是其中的凶猛猎手。

裸海蝶和蜗牛同属软体动物门腹足纲，更具体的分类为翼足目海若螺科，主要栖息在两极海域的冰层之下。

裸海蝶全身透明，从外面可以看到体内橘红色的身体组织器官，非常漂亮，再加上游动的姿势像天使在跳舞，所以得到了"海天使"的别名。但它们其实是"蛇蝎美人"。

裸海蝶的食物是跟自己同门同纲的另一类非常漂亮的浮游动物，其长相酷似蝴蝶，正名"翼足螺"。一旦抓住这个亲戚，裸海蝶就会秒变"恶魔"，用触手抓住对方的壳，将嘴巴两侧铁钩一样的捕食工具强行插入翼足螺壳的缝隙，把它们的肉生生拽出来吃掉。

7条触手的章鱼——异夫蛸

章鱼俗称"八爪鱼"，顾名思义，它们都长了8条触手。大多数章鱼的8条触手都非常明显，异夫蛸却是个例外。

异夫蛸是软体动物门头足纲章鱼目异夫蛸

196

科的物种，只有1属1种，在亚洲的日本、大洋洲的新西兰、北美洲的加拿大、欧洲的亚速尔群岛、非洲的纳米比亚和马德拉群岛都有分布。

异夫蛸成年后体长可达4米，以水母为食，是章鱼目家族里最大的两个成员之一（另一个是北太平洋巨型章鱼）。

异夫蛸有个俗名叫"七腕章鱼"。其实，它们和其他章鱼一样，也有8条触手，只不过雄性异夫蛸的交接腕（生殖器官）已经特化成了囊状，并隐藏于眼睛下方，从外表上看不到。

"会飞"的鱿鱼——
太平洋斯氏柔鱼

鸟类、蝙蝠、昆虫是现存的三大类会飞的动物。那些不会飞的动物中，有些也能在空中做短途移动，也就是"滑翔"。太平洋斯氏柔鱼就是一种会滑翔的鱿鱼。

太平洋斯氏柔鱼也叫日本飞鱿鱼，生活在太平洋北部海域，和所有的家族亲戚一样，都有10条腕足和箭头形尾部，身材细长。

由于体形较小，太平洋斯氏柔鱼成为其他海洋动物捕食的对象。当面临危险时，它们除了像其他鱿鱼那样"喷射墨汁"外，还能跃出水面逃跑。利用从头部腹面（下方的一面）的

lòu dǒu zhuàng kāi kǒu pēn shè chū de hǎi shuǐ　　shì xiān xī rù tǐ qiāng zhōng
漏斗状开口喷射出的海水（事先吸入体腔中

de　　duì shēn tǐ de fǎn zuò yòng lì　　tài píng yáng sī shì róu yú kě yǐ
的）对身体的反作用力，太平洋斯氏柔鱼可以

xiàng hòu yuè chū shuǐ miàn　　tóu zú lèi dòng wù dào zhe qián xíng　　　yǔ cǐ
向后跃出水面（头足类动物倒着前行）；与此

tóng shí　　tā men huì xiàng niǎo zhǎn kāi chì bǎng yí yàng　　zhǎn kāi wěi bù liǎng
同时，它们会像鸟展开翅膀一样，展开尾部两

cè de ròu qí　　yòng lái huò dé kòng qì zhōng de fú lì bìng wéi chí shēn
侧的肉鳍，用来获得空气中的浮力并维持身

tǐ píng héng　　tài píng yáng sī shì róu yú de tiào yuè gāo dù wéi
体平衡。太平洋斯氏柔鱼的跳跃高度为 10 ～ 20

mǐ　　huá xiáng shí jiān kě chí xù　　miǎo yǐ shàng
米，滑翔时间可持续 10 秒以上。

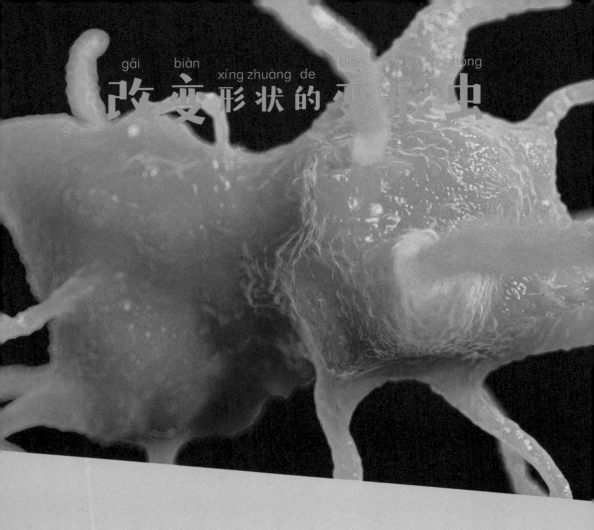

改变形状的变形虫

gǎi biàn xíng zhuàng de biàn xíng chóng

很多科幻电影里都出现过可以随时改变自身形状的怪异生物，这并非完全凭空想象，因为会变形的动物真实存在，比如变形虫。

变形虫是一类原始的单细胞生物，在分类

上属于原生动物门。变形虫因能改变身体形状而得名，主要生活在较为清澈的水域内。

变形虫能变形，凭借的是它们原始的身体结构。身为单细胞生物，变形虫没有细胞壁，"原生质"（细胞内各种生命物质的总称，包括糖、蛋白质、核酸、脂质等）可以到处流动。这种流动会导致其身体表面出现一些被称为"伪足"的凸起，伪足主要呈现指状、叶状、针状等形态，可用来进食和行动。由于原生质流动的方向和位置不同，这些伪足会不断伸缩，变形虫的身躯也会因为这种收缩而变形。